Manfred Helmus | Agnes Kelm | Lars Laußat |
Anica Meins-Becker (Hrsg.)

RFID–Baulogistikleitstand

Manfred Helmus | Agnes Kelm | Lars Laußat |
Anica Meins-Becker (Hrsg.)

RFID–Baulogistikleitstand

VIEWEG+TEUBNER RESEARCH

RFID im Bauwesen

Herausgeber:
Univ.-Prof. Dr.-Ing. Manfred Helmus

Der wachsende internationale Wettbewerb in der Bauindustrie sowie der Wunsch nach zunehmenden Bauzeitverkürzungen und geringeren Baukosten bei gleichzeitig höheren Bauqualitäten zwingt die deutsche Bau- und Imobilienwirtschaft dazu, neue Wege zu gehen.

Die Initiatoren der Reihe „RFID im Bauwesen" hoffen, dass sich weitere Institutionen an der Erweiterung der Reihe beteiligen werden, so dass die deutsche Bau- und Immobilienwirtschaft stets über den aktuellen Forschungsstand zum Thema „RFID im Bauwesen" informiert bleibt.

Manfred Helmus | Agnes Kelm | Lars Laußat |
Anica Meins-Becker (Hrsg.)

RFID–Baulogistikleitstand

Forschungsbericht zum Projekt
„RFID-unterstütztes Steuerungs- und Dokumentations-
system für die erweiterte Baulogistik am Beispiel
Baulogistikleitstand für die Baustelle"

VIEWEG+TEUBNER RESEARCH

Bibliografische Information der Deutschen Nationalbibliothek
Die Deutsche Nationalbibliothek verzeichnet diese Publikation in der
Deutschen Nationalbibliografie; detaillierte bibliografische Daten sind im Internet über
<http://dnb.d-nb.de> abrufbar.

Der Forschungsbericht wurde mit Mitteln des Bundesamtes für Bauwesen und Raumordnung (BBR) im Rahmen der Forschungsinitiative „ZukunftBAU" des Bundesministeriums
für Verkehr, Bau und Stadtentwicklung (BMVBS) gefördert (vgl. www.RFIDimBau.de).
Die Verantwortung für den Inhalt des Berichtes liegt beim Autor.
Aktenzeichen: Z 6 – 10.08.18.7- 08.4/ II 2 – F20-08-019

1. Auflage 2011

Lektorat: Ute Wrasmann | Sabine Schöller

Vieweg+Teubner Verlag ist eine Marke von Springer Fachmedien.
Springer Fachmedien ist Teil der Fachverlagsgruppe Springer Science+Business Media.
www.viewegteubner.de

Umschlaggestaltung: KünkelLopka Medienentwicklung, Heidelberg
Gedruckt auf säurefreiem und chlorfrei gebleichtem Papier
Printed in Germany

ISBN 978-3-8348-1577-4

Vorwort

Neben den bisher erfolgreich im Rahmen der initiierten Reihe „RFID im Bauwesen" veröffentlichten Forschungsberichten zu den Projekten „Integriertes Wertschöpfungsmodell mit RFID in der Bau- und Immobilienwirtschaft" und „Sicherheitstechnik mit Radio Frequency Identification (RFID)" freue ich mich über die Herausgabe eines weiteren Bandes mit dem Titel „RFID in der Baulogistik – Forschungsbericht zum Projekt ‚RFID-unterstütztes Steuerungs- und Dokumentationssystem für die erweiterte Baulogistik am Beispiel ‚Baulogistikleitstand' für die Baustelle' (Kurztitel: ‚RFID-Baulogistikleitstand')."

Der Forschungsschwerpunkt des Forschungsprojektes *„RFID-Baulogistikleitstand"* lag in der Analyse baulogistischer Prozessketten und der Entwicklung eines Gesamtkonzeptes für eine durch Auto-ID-Technik unterstützte Material- und Personallogistik. Dieses Konzept ermöglicht einerseits einen durchgängigen Informationsaustausch der am Bau Beteiligten und trägt zum anderen durch Modifizierung und Integration bereits bestehender Anwendungen zur Optimierung logistischer Prozesse bei.

Mein Dank gilt insbesondere den Autoren und Mitherausgebern des vorliegenden Bandes Agnes Kelm, Lars Laußat und Anica Meins-Becker sowie allen Mitarbeitern und Studierenden die durch ihren Einsatz im Rahmen des Forschungsprojektes *„RFID-Baulogistikleitstand"* zum Entstehen des Forschungsberichtes beigetragen haben. Des Weiteren danke ich den zahlreichen Praxispartnern Alho Systembau GmbH / Alho Holding GmbH & Co. KG, Betoform GmbH, Cichon + Stolberg Elektroanlagenbau GmbH, Ed. Züblin AG, Gradwohl GmbH, Klebl Baulogistik GmbH, PCO GmbH & Co. KG, Streif Baulogistik GmbH sowie ThyssenKrupp Real Estate GmbH, die durch ihre finanzielle und personelle Unterstützung diese Forschung erst ermöglicht haben.

Januar 2011   Univ.-Prof. Dr.-Ing. Manfred Helmus

Über die Autoren

Agnes Kelm studierte Elektrotechnik mit dem Schwerpunkt Nachrichtentechnik an der Bergischen Universität Wuppertal.

Lars Laußat studierte Bauingenieurwesen an der Bergischen Universität Wuppertal sowie berufsbegleitend Wirtschaftswissenschaften an der FernUniversität in Hagen.

Anica Meins-Becker studierte Bauingenieurwesen an der Rheinisch-Westfälischen Technischen Hochschule Aachen sowie berufsbegleitend Wirtschaftsingenieurwesen an der Bauakademie Biberach.

Inhaltsübersicht

Inhaltsverzeichnis

Abbildungsverzeichnis

Abkürzungsverzeichnis

AFIS	automatisierte Fingerabdruckidentifizierungssystem
AG	Arbeitgeber / Auftraggeber
AHO e.V.	Ausschuss für Honorarordnung e.V.
AIM-Standard	Verband für Automatische Identifikation, Datenerfassung und Mobile Datenkommunikation
AN	Arbeitnehmer / Auftragnehmer
ARGE	Arbeitsgemeinschaft
Auto-ID	Automatisierte Identifikation
AVA	Ausschreibung, Vergabe und Abrechnung
BBR	Bundesamt für Bauwesen und Raumordnung
BBSR	Bundesinstitut für Bau-, Stadt- und Raumforschung
BDE	Betriebsdatenerfassung
BG Bau	Berufsgenossenschaft der Bauwirtschaft
BG Bau	Berufsgenossenschaft Bau
BIM	Building Information Model
BMBF	Bundesministerium für Bildung und Forschung
BMVBS	Bundeministerium für Verkehr, Bauen und Stadtentwicklung
BUW	Bergische Universität Wuppertal
bzgl.	bezüglich
ca.	circa
C+S	Cichon + Stolberg
CAD	Computer Aided Design
CE	Conformité Européenne
CO2	Kohlenstoffdioxid
CSCS	Construction Skills Certification Scheme
DEBT	Digitales Erweitertes Bautagebuch
DFG	Deutsche Forschungsgemeinschaft
DGUV	Deutsche Gesetzliche Unfallversicherung
d. h.	das heißt
DIN	Deutsches Institut für Normung
DVD	Digital Versatile Disc
EAN	Europäische Artikelnummer
EDV	Elektronische Datenverarbeitung
EPC	Electronic Product Code
EPCIS	Electronic Product Code Information Services
EPD	Environmental Product Declaration
ERP	Enterprise Ressource Planning
etc.	et cetera
Fa.	Firma
FE	Funktionelle Einheit
fml	Fördertechnik, Materialfluss, Logistik
GAEB	Gemeinsame Ausschuss Elektronik im Bauwesen
Gen 2	2. Generation
ggf.	gegebenenfalls
GHz	Gigahertz

GPS	Global Positioning System
GS1	Global Standards One
GTIN	Global Trade Item Number (ehemals EAN)
GU	Generalunternehmer
GUID	Globally Unique Identifier
HF	High Frequency
HVB	Hauptverband der dt. Bauindustrie
IAI	Industrieallianz für Interoperabilität e. V.
IBP	(Fraunhofer) Institut für Bauphysik
i. d. R.	in der Regel
ID	Identifikationsnummer
IFC	Industry Foundation Classes
IG BAU	Industriegewerkschaft Bauen-Agrar-Umwelt
IGF	Industrielle Gemeinschaftsforschung
IMS	(Fraunhofer) Institut für Mikroelektronische Schaltungen und Systeme
InWeMo	Integriertes Wertschöpfungsmodell
ISO	Internationale Organisation für Normung
IT	Informationstechnik
i. V. m.	in Verbindung mit
IZ3	Interdisziplinäres Zentrum 3 der BUW für das Management technischer Prozesse
KAN	Kommission für Arbeitsschutz und Normung
KHz	Kilohertz
KMU	Kleine und mittlere Unternehmen
LF	Low Frequency
LKW	Lastkraftwagen
LuF B&B	Lehr- und Forschungsgebiet Baubetrieb und Bauwirtschaft
mod.	modifiziert
MW	Microwave / Mikrowelle
MHz	Megahertz
OP	Operation
PDM	Produktdatenmanagement
PSA	Persönliche Schutzausrüstung
PVC	Polyvinylchlorid
RAL	Deutsches Institut für Gütesicherung und Kennzeichnung
RFID	Radio Frequency Identification
SAP-Landschaft	Service Advertising Protocol
SGTIN	Serialized GTIN
sog.	sogenannt
SOKA-BAU	Sozialkassen der Bauwirtschaft
SV	Sozialversicherung
TGA	Technische Gebäudeausrüstung
tlw.	teilweise
TPS	Theft Protection System
TU	Technische Universität
u. a.	unter anderem
UHF	Ultra High Frequency

Ü-Kennzeichnung	Übereinstimmungszeichen
UV	Ultraviolett
UWB	Ultra Wide Band
vgl.	vergleiche
VIP	Vakuum-Isolier-Paneele
WLAN	Wireless Local Area Network
z. B.	zum Beispiel
ZDB	Zentralverband des dt. Baugewerbes
Ziff.	Ziffer
z. T.	zum Teil

1 Einleitung und Zielstellung

Ein Bauprojekt unterliegt i. d. R. einem mehrdimensionalen Zielsystem. So ist entsprechend der Kundenvorgaben der optimale Kompromiss hinsichtlich Terminen, Kosten und Qualität zu ermitteln und der Bauprozess hierauf hin auszurichten. Zum Erreichen der verschiedenen Ziele ist eine funktionierende Baulogistik unabdingbar. Dies gilt umso stärker, je komplexer das Bauvorhaben ist.

Die Baulogistik beschäftigt sich u. a. mit der Ver- und der Entsorgung der Baustelle. Die richtigen Objekte sind zum richtigen Zeitpunkt, in der richtigen Qualität und Quantität, am richtigen Ort und zu den richtigen Kosten bereit zu stellen bzw. abzuholen. Damit dies effizient erfolgen kann, ist zum einen ein funktionierender Informationsaustausch und zum anderen eine Erfassung, Kontrolle, Steuerung und Dokumentation der angelieferten Materialien sowie der die Baustelle betretenden Personen in Echtzeit hilfreich.

Infolge von Automatisierungspotentialen ermöglichen hierbei Auto-ID-Techniken, insbesondere die RFID-Technik (Radio Frequency Identification), eine neue Qualität der Erfassung, Kontrolle, Steuerung und Dokumentation der Material-, Personal- und Informationsströme auch in der Bau- und Immobilienwirtschaft. Diese galt es im Rahmen eines Forschungsprojektes weiter zu untersuchen.

In Abstimmung mit den Partnern der ARGE RFIDimBau, die im Rahmen der Forschungsinitiative *„ZukunftBAU"* vom Bundesministerium für Verkehr, Bau und Stadtentwicklung (BMVBS) i. V. m. dem Bundesinstitut für Bau-, Stadt- und Raumforschung (BBSR) im Bundesamt für Bauwesen und Raumordnung (BBR) gefördert wird, legte das Lehr- und Forschungsgebiet Baubetrieb und Bauwirtschaft (LuF B&B) der Bergischen Universität Wuppertal (BUW) den Fokus auf diesen Bereich der Baulogistik. Infolge der Zusammenarbeit in der ARGE RFIDimBau wurden im Rahmen der Bearbeitung der Forschungsprojekte Anknüpfungspunkte zu den weiteren Teilprojekten konzeptionell berücksichtigt.

Diese Anknüpfungspunkte sind im bereits abgeschlossenem Forschungsprojekt *„InWeMo - Integriertes Wertschöpfungsmodell mit RFID in der Bau- und Immobilienwirtschaft"*[1] (Bearbeitungszeitraum 10/2006 bis 02/2008) in das integrierte Modell, welches einen unternehmensübergreifenden Informationsaustausch gewährleisten kann, eingeflossen. Da das Forschungsprojekt *„RFID-Baulogistikleitstand – RFID unterstütztes Steuerungs- und Dokumentationssystem für die erweiterte Baulogistik am Beispiel ‚Baulogistikleitstand' für die Baustelle"* (Bearbeitungszeitraum 03/2008 bis 02/2010) auf dieses Modell aufbaut, ändern sich die Anknüpfungspunkte nicht grundlegend.

Als Ergebnis der beiden Projekte *„InWeMo"* und *„RFID-Baulogistikleitstand"* wird das Ziel, die Entwicklung eines auch für KMU geeigneten Gesamtkonzeptes zum Einsatz der RFID-Technik entlang der Wertschöpfungskette in der Bau- und Immobilienwirtschaft, weitestgehend erreicht. Zudem sind für den Bereich der Versorgungslogistik exemplarische Lösungen, die sich in das Gesamtkonzept einbetten, umgesetzt und anhand der Datenzusammenführung in einem *„Digitalen Erweiterten Bautagebuch"* (DEBT), das den verschiedenen am Bau Beteiligten zur Verfügung steht, verdeutlicht.

---

[1] Helmus, Meins-Becker, Laußat, Kelm [Hrsg.] (2009)

Das Gesamtkonzept zur Baulogistik ermöglicht durch die partnerschaftliche Zusammenarbeit zwischen den am Bau Beteiligten u. a. die Einhaltung von Terminen und Qualitäten und reduziert somit Kosten. Außerdem kann es, da die Transparenz erhöht wird, helfen, illegale Beschäftigung/Schwarzarbeit und den Einbau von Plagiaten oder nicht der Ausschreibung entsprechende Materialien aufzudecken.

Auf übergeordneter Ebene kann das Konzept dazu beitragen, dass die Organisation in der Baubranche verbessert wird und dass die deutsche Bauwirtschaft den technologischen Anschluss im internationalen Vergleich nicht verliert. Damit kann es nach Umsetzung einen wertvollen Beitrag zur Verbesserung der *"Baukultur"* in Deutschland leisten.

In weiteren, zukünftigen Projekten soll die Vernetzung des Konzeptes zu anderen Entwicklungen der ARGE RFIDimBau verdeutlicht werden. Im Rahmen vorliegenden Berichts sind die Schnittstellenkonzepte an entsprechender Stelle daher vergleichsweise unspezifiziert dargestellt.

1.1 Strukturierung des Forschungsprojektes *„RFID-Baulogistikleitstand"*

Das Forschungsprojekt *„RFID-Baulogistikleitstand"* wurde in verschiedene Arbeitspakete gegliedert:

[A] Arbeitspaket Baulogistik allgemein: Analyse und Dokumentation des Ist-Zustands auf Basis von Prozessanalysen, Workshops, Befragungen etc. (Kap. 4)

[B] Arbeitspaket Entwicklung des Konzeptes für einen *„RFID-Baulogistikleitstand"* zur Unterstützung baulogistischer Prozesse und Auswahl geeigneter Auto-ID-Techniken. (Kap. 5)

[C] Arbeitspaket Entwicklung, Bau und Test der Demonstratoren zur realitätsnahen Demonstration in einem Baustellencontainer. Demonstration des Materiallogistikprozesses am Beispiel von Stahlbetonfertigteilen anhand eines RFID-Modells und eines Videos (Kap. 5 und 6)

[D] Öffentlichkeitsarbeit: Kritische Betrachtung zum Einsatz von Auto-ID-Techniken in der Baubranche und Verdeutlichung der Potenziale (Kap. 7)

Im Rahmen des Arbeitspaketes A wurden Workshops, Prozessanalysen und Befragungen entlang der Wertschöpfungskette der Bauwirtschaft durchgeführt, bei denen insbesondere die baulogistisch relevanten Prozesse detailliert im Sinne einer Erfassung des Ist-Zustandes analysiert und dokumentiert wurden.

Unter Berücksichtigung der Erkenntnisse aus dem Arbeitspaket A wurde im Rahmen des Arbeitspaketes B das Konzept für einen *„RFID-Baulogistikleitstand"* entwickelt. Hierbei beschränkte sich das LuF B&B auf die baulogistischen Prozesse zwischen Zulieferer und Baustelle.

Im Rahmen des Arbeitspaketes C wurden einige Applikationen des Konzeptes auf Demonstrationsniveau umgesetzt. In dem ersten Demonstrator *„RFID-Baulogistikleitstand"* wurden hierzu Auto-ID-unterstützte Applikationen in einem Baustellencontainer vereint. In einem zweiten *„Demonstrator Fertigteillogistik"* wurden Prozesse der Logistikkette der Auslieferung von Stahlbetonfertigteilen in einem RFID-Modell umgesetzt und zuvor ein entsprechendes Demonstrationsvideo erstellt.

Das Arbeitspaket D diente dazu, die Öffentlichkeit u. a. im Rahmen der Messe Bau 2009 in München sowie diverser Fachvorträge und Veröffentlichungen auf das Konzept aufmerksam zu machen und eventuelle Anmerkungen während der Projektbearbeitung zu berücksichtigen. Hiermit konnte die Praxisnähe des Konzeptes gewährleistet und Praktiker von neuen Potentialen überzeugt werden.

Bevor die Ergebnisse der Arbeitspakete vorgestellt werden, sollen einige Grundlagen zu Auto-ID-Techniken erläutert, bereits erbrachte Vorarbeiten, sowie das wissenschaftliche Umfeld des Projektes beschrieben werden.

2 Grundlagen der eingesetzten Auto-ID-Techniken

2.1 Auto-ID-System-Einsatz im Rahmen des Forschungsprojektes „*RFID-Baulogistikleitstand*"

Im Projekt wurden sowohl im Rahmen der Konzeptentwicklung als auch für die Demonstration ausgewählter Applikationen neben der RFID-Technik auch andere Auto-ID-Techniken, wie z. B. die Barcode-Technik oder die Fingerprint-Technik eingesetzt, da diese in Abhängigkeit des Prozesse für sinnvoller, praxisnäher und kurzfristiger umsetzbar gehalten werden.

Dabei wurde bei allen Systemen darauf geachtet, nach entsprechenden Eignungstests (vgl. Ziff. 4.5) die am weitesten standardisierten bzw. verbreiteten Komponenten für die Integration in den Demonstrator auszuwählen (Hardware, Datenkommunikationsstandards, Datenbankformate etc.), da für die im Rahmen des Projektes entwickelten Lösungen die Möglichkeit für eine kurz- bis mittelfristige Umsetzung in die Praxis gegeben sein soll.

In den Demonstratoren kommen die folgenden Techniken zum Einsatz:

- Barcode 1D

- Fingerprintsensorik optisch

- RFID UHF Gen2

- RFID HF Mifare Classic

- RFID HF Mifare Desfire

2.2 RFID-Technik

2.2.1 Das RFID-System

Die RFID-Technik bietet die Möglichkeit zur automatischen Identifizierung von Objekten. Mit dieser Technik können Daten berührungslos und sichtkontaktfrei zwischen einem an dem zu identifizierenden Objekt angebrachten Datenträger, dem sog. RFID-Transponder, und einer RFID-Erfassungseinheit (RFID-Reader) übertragen werden.

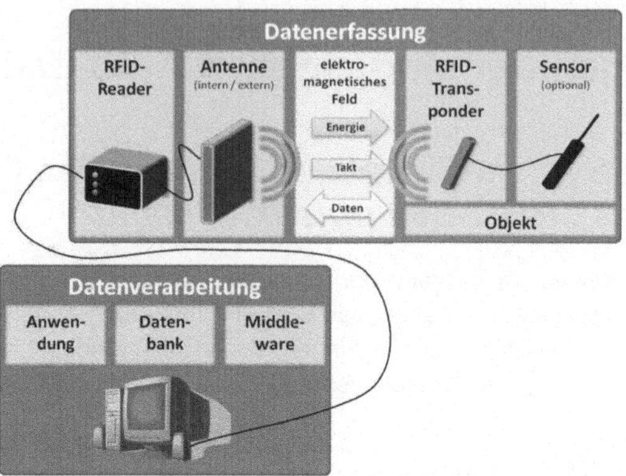

Abb. 2-1:   Beispielschema für Komponenten eines RFID-Übertragungssystems

Dabei werden RFID-Transponder, die aus Mikrochip und Antenne bestehen, über elektromagnetische Wellen oder magnetische Kopplung mit Energie versorgt, so dass über einen vorgegebenen Takt Daten zwischen Lesegeräten und Transpondern ausgetauscht werden.

RFID-Transponder können auf bzw. in den unterschiedlichsten Trägermaterialien eingebracht werden; nachfolgende Abbildung verdeutlicht den Aufbau anhand eines auf einer Trägerfolie aufgebrachten Transponders, der im elektromagnetischen UHF-Frequenzbereich arbeitet. Folgende Abschnitte geben einen Überblick über die verschiedenen Arten von RFID-Systemen und -Systemkomponenten.

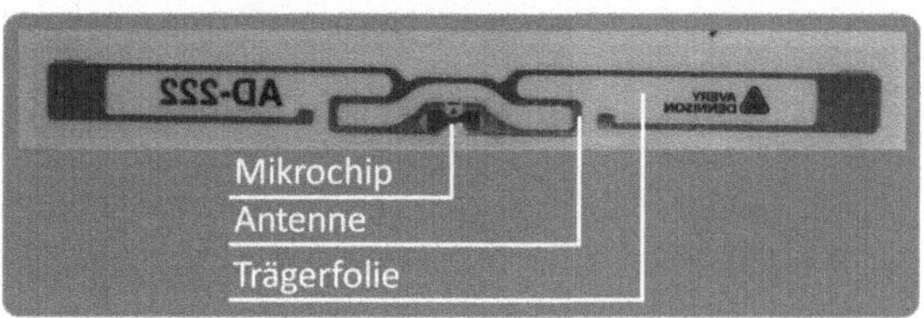

Abb. 2-2:   Komponenten eines RFID-Transponders

2.2.2 Frequenzbereiche und Übertragungsarten

Grundsätzlich gibt es zwei Arten der Übertragung von Informationen zwischen RFID-Transponder, kurz RFID-Tag, und RFID-Reader:

- die magnetische Kopplung (LF/HF) und

- die elektromagnetische Welle (UHF/MW).

Der Informationsaustausch mittels magnetischer Kopplung wird in den Frequenzbereichen 125 kHz (LF) und 13,56 MHz (HF) angewendet, wobei Antennen in Form einer Spule eingesetzt werden. Der RFID-Tag muss sich während des Datenaustausches im Bereich des Nahfeldes der Sende- und Empfangsantenne befinden, wodurch sich für diese induktiven RFID-Systeme mit passiven Transpondern, wenn nicht sehr große Antennen genutzt werden, nur geringe Reichweiten, bis zu 2 cm im LF- bzw. bis zu 1 m im HF-Bereich, ergeben.

Größere Reichweiten erhält man beim Informationsaustausch mittels zurückgestrahlter elektromagnetischer Wellen, der seine Anwendung in den Frequenzbereichen 868 MHz (UHF) und 2,4 GHz (MW) findet. Während des Datenaustausches muss sich der RFID-Tag im Erfassungsbereich, im Idealfall im Fernfeld, der Sende- und Empfangsantenne befinden, wodurch sich für passive Transponder Reichweiten von mehreren Metern ergeben.

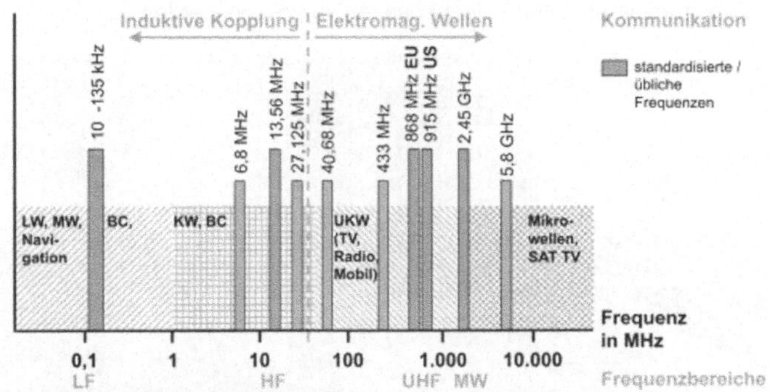

Abb. 2-3:   Frequenzbereiche für RFID-Systeme und typische Anwendungsbereiche [2]

2.2.3 Transpondertypen

Darüber hinaus unterscheiden sich RFID-Systeme durch die verwendeten Transpondertypen:

- Passive Transponder verfügen über keine eigene Energieversorgung. Die zur Aktivierung des Transponderchips benötigte Energie wird aus dem von einer Sende-/ Empfangsantenne erzeugten magnetischen bzw. elektromagnetischen Feld gewonnen.

- Aktive Transponder verfügen über eine eigene Energieversorgung und senden aktiv in beliebig einstellbaren Intervallen. Für aktive Transponder ergeben sich größere Reichweiten, je nach Frequenz bis zu mehreren hundert Metern.

- Semi-Aktive / Semi-Passive Transponder verfügen über eine eigene Energieversorgung, die allerdings nicht zum Senden genutzt wird. Die zur Aktivierung des Transponderchips benötigte Energie wird aus dem von einer Sende-/ Empfangsantenne erzeugten elektromagnetischen Feld gewonnen. Bei semi-aktiven Transpondern wird eine Batterie integriert, die z. B. zur Aktivierung eines zusätzlichen Sensors und zur Übertragung der Sensordaten an den RFID-Transponderchip dient.

---

[2] Finkenzeller [Hrsg.] (2002)

2.2.4 Bauformen

RFID-Chips können in den unterschiedlichsten Arten an Antennen gekoppelt und auf bzw. in Trägermaterialien integriert werden. Hieraus ergeben sich unzählige Arten von Transponderbauformen. Nachfolgende Abbildung kann einen ersten Überblick geben, bzgl. genauerer Informationen muss zur Beschränkung des Umfangs dieses Berichts auf die entsprechenden Fachmedien und Herstellerwebseiten verwiesen werden.

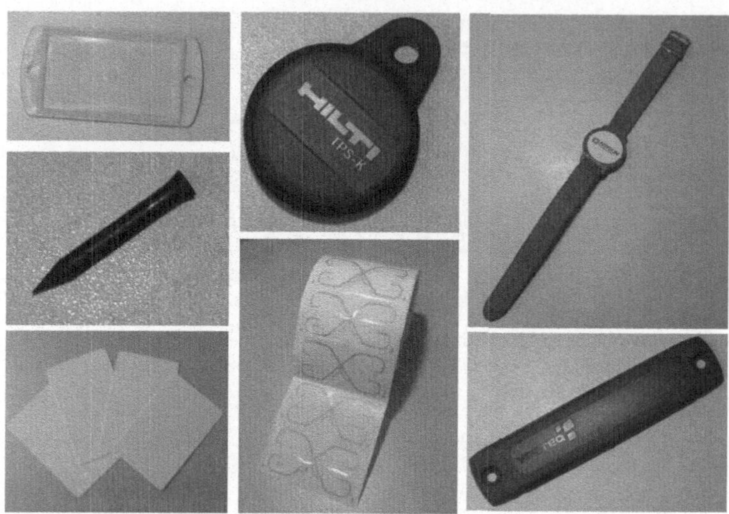

Abb. 2-4:   Eindrücke zu möglichen Bauformen von RFID-Transpondern (eigene Aufnahme)

2.2.5 Datenvorhaltung

Eine weitere Unterscheidung von RFID-Systemen wird in der Datenvorhaltung getroffen. Dabei wird nach dem Data-on-Tag- und Data-on-Network-Prinzip differenziert. Zudem sind Mischformen möglich.

Beim Data-on-Tag-Prinzip können ausschließlich wiederbeschreibbare Transponder zum Einsatz kommen. Objektbezogene Informationen werden auf dem RFID-Tag gespeichert, so können die relevanten Daten nicht nur gelesen, sondern auch der Situation entsprechend aktualisiert und verändert werden. Die Daten sind dann ausschließlich auf dem RFID-Tag vorhanden und können, wenn der Tag sich nicht in einem Lesefeld befindet, von einer zentralen Stelle aus nicht eingesehen werden.

Beim Data-on-Network-Prinzip hingegen werden die objektbezogenen Daten in einem oder mehreren vernetzten Rechnern in Datenbanken gespeichert. Der RFID-Tag trägt den Schlüssel zu den Datenbankeinträgen, z. B. eine eindeutige und standardisierte Identifikationsnummer. Dieses Konzept bietet die Möglichkeit, auch verschiedene andere Auto-ID-Systeme in einem Gesamtsystem einzubinden, da es gleichgültig ist, welches Auto-ID-Verfahren zur Erfassung der Objekte und zum Datenaufruf verwendet wird. Die Prozess- und Objektdaten sind von einer zentralen Stelle aus bei Netzwerkfunktion jederzeit einsehbar.

Bei Mischformen werden z. B. die auf dem RFID-Tag nach Data-on-Tag-Prinzip vorgehaltenen Daten in Datenbanken auf Netzwerkrechnern gespiegelt, so dass alle Daten jederzeit und auch nach einem Defekt des Transponders verfügbar bleiben. Die Daten befinden sich dann zusätzlich auf dem Transponder, damit Anwendungen, die ohne Netzwerkanbindung laufen müssen, dies sicher tun können.

2.2.6 Einfluss durch Absorption und Reflexion durch Objekte in der Umgebung auf die Reichweite eines RFID-Systems

Beschäftigt man sich mit RFID-Systemen, sind einige grundlegende physikalische Eigenschaften, die die Lesefähigkeit beeinflussen, zu beachten. So haben die Materialeigenschaften eines sich im Strahlungsfeld befindenden Objektes einen nicht zu vernachlässigenden Einfluss auf die Ausbreitung elektromagnetischer Wellen.

Bei einem nicht-leitfähigen Stoff, auch Dielektrika genannt, ist die Dämpfung im Material stark von seiner Dichte und das Reflexionsvermögen von der Dielektrizitätskonstante abhängig. Materialien mit niedriger Dielektrizitätskonstante und geringer Dichte (PVC) haben so gut wie keinen Einfluss auf die Ausbreitung der elektromagnetischen Welle. Durch bestimmte Zusatzstoffe in den Materialien können sich allerdings die Eigenschaften stark verändern (z. B. destilliertes Wasser, dem Salz zugefügt wird, oder Kunststoffe bzw. Farbbeschichtungen mit Metallbeimengung).

Bei leitfähigen Stoffen, insbesondere Metallen, kommt es zur Totalreflexion der elektromagnetischen Welle an der Oberfläche des Objektes. Trifft die reflektierte elektromagnetische Welle auf eine von der Antenne abgestrahlte Welle, so kommt es zudem zu Interferenzen. Eine Interferenz kann eine Feldschwächung oder -verstärkung bedeuten. Ein RFID-Tag, der sich in einem sog. „Loch" (bei Feldschwächung) befindet, wird nicht mit ausreichend Energie versorgt, um ein Signal an die Antenne zurückstrahlen zu können, d. h. der RFID-Tag wird von der Sende- und Empfangsantenne nicht erkannt. Durch Veränderung der Lage der Sende- und Empfangsantenne und dem Objekt zueinander verändert sich auch das Interferenzmuster, wodurch die „Löcher" verschoben werden und der RFID-Tag wieder gelesen werden kann.

Reflexionen können aber durchaus auch positive Auswirkungen auf das RFID-System haben. RFID-Tags, die sich im „Schatten" eines Objektes befinden, können durch Reflexionen der elektromagnetischen Welle an Wänden oder anderen Objekten ggf. „über Bande" von der Sende- und Empfangsantenne gelesen werden.

Der starke Einfluss verschiedener Materialien auf die elektromagnetischen Felder führt dazu, dass bei der Implementierung von RFID-Systemen i. d. R. für jedes mittels RFID-Tags gekennzeichnete Objekt individuelle Untersuchungen erforderlich sind.

Frequenz Merkmale	LF (passiv) < 135 kHz	HF (passiv) 3 - 30 MHz	UHF (passiv) 200 MHz - 2 GHz	MW (aktiv) > 2 GHz
Typische Frequenzen	134,2 kHz	13,56 MHz	898 MHz	2,45 GHz
Reichweite (abh. von Umgebung)	bis 1,5 cm (passiv)	bis 1,2 m (passiv)	bis 6 m (passiv)	bis 100 m (aktiv)
Umgebungseinflüsse: Metall und Flüssigkeiten	Absorption durch Metall, kaum Einfluss durch Flüssigkeiten (hoher Lärmpegel)	Absorprtion durch Metall, kaum Einfluss durch Flüssigkeiten	Abschirmung und Reflexion durch Metall, Absorption durch Flüssigkeiten	Abschirmung und Reflexion durch Metall, Absorption durch Flüssigkeiten
Pulkerfassung	von wenigen Systemen unterstützt	bis ca. 70 Tags pro Sek.	bis ca. 120 Tags pro Sek.	bis ca. 50 Tags pro Sek.

Abb. 2-5:   Merkmale von RFID-Systemen in Abhängigkeit vom Frequenzbereich

2.2.7 Die Kenntnis der Grenzen der RFID-Technik als Schlüssel zum Freilegen der Potentiale

Neben den bereits aufgeführten physikalischen Eigenschaften lassen sich für RFID-Systeme weiteren Grenzen kategorisieren, die den Rahmen des Machbaren definieren:

- natürliche und somit unüberbrückbare physikalische Grenzen

- Grenzen infolge des Entwicklungsstandes der Hardware

- gesetzliche Grenzen: Gesundheitsschutz (Grenzwerte für Strahlung)

- gesetzliche Grenzen: Regulierung der Funkfrequenzen

- gesetzliche Grenzen: Datenschutz

- Grenzen durch (Mit-)Nutzung ggf. suboptimaler standardisierter Systeme

- organisatorisch prozessabhängige Grenzen

- wirtschaftliche Grenzen

Die RFID-Technik bietet innerhalb dieser Grenzen jedoch ein breites Feld an Möglichkeiten, (Geschäfts-)Prozesse bei durchdachtem Einsatz enorm zu verbessern. Ein Verständnis dieser Grenzen bildet die Basis, neue Anwendungsideen in Hinblick auf die Umsetzbarkeit kritisch zu hinterfragen.

2.2.8 Vor- und Nachteile der RFID-Technik gegenüber anderen Auto-ID-Techniken

Es lassen sich vier wesentliche Aspekte nennen, um vorteilhafte Eigenschaften der RFID-Technik im Vergleich zu anderen Auto-ID-Techniken, wie z. B. Barcodes, zu beschreiben:

1. RFID-Tags können, anders als die Kennzeichnungsträger anderer Auto-ID-Systeme, sichtkontaktfrei ausgelesen werden. Durch die hieraus folgende Möglichkeit des verdeckten bzw. verkapselten Einbaus eines RFID-Tags können Beschädigungen des Identifikationsträgers verhindert werden. Außerdem ist ein RFID-System aus diesem Grund unempfindlich gegenüber einer Verschmutzung des Kennzeichnungsmittels. Hieraus ergibt sich, dass RFID-Systeme auch für den Einsatz im Baubereich geeignet sind – einerseits im Bauprozess infolge der Verschmutzungsunabhängigkeit, andererseits im eingebauten Zustand eines Bauproduktes, da der Transponder z. B. eingebaut in einer Wand noch gelesen werden kann.

2. Ein weiterer Vorteil eines RFID-Systems ist der, dass die gleichzeitige Erkennung mehrerer Transponder, die sog. Pulkerfassung, in stärkerem Ausmaß als in anderen Auto-ID-Systemen möglich ist. So kann eine Vielzahl von Objekten nahezu zeitgleich und ggf. ohne manuellen Aufwand erfasst werden.

3. Ferner können Daten auf RFID-Transpondern gespeichert und in den Prozessen verändert oder ergänzt werden (vgl. das oben beschriebene Data-on-Tag-Prinzip). So können Systeme entwickelt werden, die unabhängig von EDV-Netzwerken und Datenbankzugriffen funktionieren. Korrespondierend mit abnehmender Schreib- und Lesegeschwindigkeit können auch vergleichsweise große Datenmengen auf den Transponder gespeichert werden.

4. Schließlich bietet die RFID-Technik die Möglichkeit, zusätzlich zur reinen Identifikation über an den RFID-Tag angeschlossene oder dort integrierte Sensoren bei der Erfassung auch Sensor-Daten zu berücksichtigen.

Diese vier Aspekte sind in nachfolgender Übersicht als Kernvorteile der RFID- gegenüber der Barcode-Technik hervorgehoben.

Merkmale	Barcode	RFID
Datendichte	gering	sehr hoch
Manuelle Lesbarkeit	bedingt	unmöglich
Witterungseinflüsse	sehr stark	gering
Einfluss von optischer Abdeckung	nicht lesbar	lesbar
Einfluss der Medienausrichtung	hoch	mäßig
Abnutzung / Verschleiß	bedingt	kein Einfluss
Anschaffungskosten Elektronik	sehr gering	mittel
Lesegeschwindigkeit	langsam	schnell
Veränderbarkeit der Daten auf dem Datenträger	nicht möglich	möglich
Pulkfähigkeit	bedingt möglich	möglich
Anbindung von Sensorik	nicht möglich	möglich

Abb. 2-6:   Eigenschaften von Barcode- und RFID-Systemen im Vergleich

Allerdings ist es prozessabhängig zu betrachten, ob die als vorteilhaft bezeichneten Eigenschaften tatsächlich einen Vorteil im Vergleich zu alternativen Lösungen bieten.

So geht mit der Wiederbeschreibbarkeit von RFID-Transpondern auch die Gefahr der Manipulierung oder ggf. unberechtigten Löschung der Daten einher. Auch ein Kopieren der Datenträger wird so möglich.

Mit der Möglichkeit des sichtkontaktfreien Auslesens eröffnet sich zugleich, bei nicht bewusst geschützten Systemen, die Möglichkeit des unbemerkten Auslesens von Daten. Dieser Punkt ist in den Medien beispielsweise i. V. m. Zutrittskontrollkarten, die auf RFID-Technik basieren, oder Ausweisdokumenten, die RFID-Chips beinhalten, ausreichend diskutiert.

Oder die oft auf den ersten Blick erwünschte Pulkfähigkeit kehrt sich in einen ungewünschten Effekt um, nämlich immer dann, wenn aus einem Pulk gekennzeichneter Objekte nur eines zielgerichtet erfasst werden soll (sog. „Unschärfeproblem"). Nachfolgende Abbildung soll dies am Vergleich verschiedener RFID- und Barcodesysteme verdeutlichen.

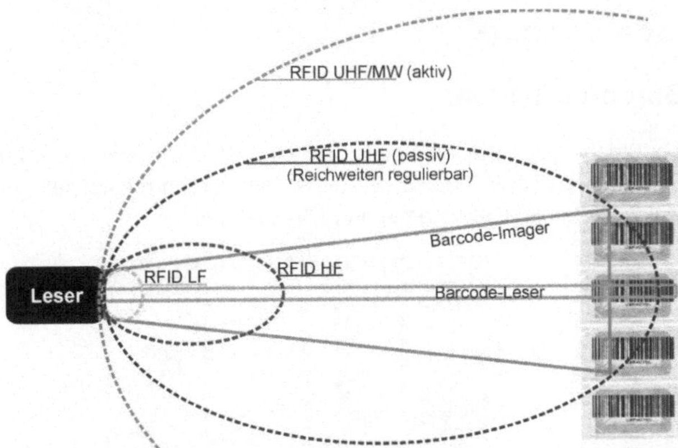

Abb. 2-7: Erfassungsreichweiten und Zielgerichtetheit von Barcode- und RFID-Systemen im qualitativen Vergleich

So kann mit einem Barcode-Lesegerät ein auf einem Stapel liegender Kennzeichnungsträger aus einer Distanz von bis zu einigen Metern angepeilt (Laserabtastung) oder die relative Ausrichtung der Barcodes zueinander bestimmt werden (Bildauswertung nach Erfassung mittels Imager). Weitbereichs-RFID-Systeme erlauben dies nicht. Möchte man mittels RFID-Technik ein bestimmtes Objekt aus einem Pulk einscannen, so muss man so nah an das Objekt heran, dass das RFID-Lesefeld des RFID-Lesers nur noch einen der vielen Transponder umfasst.

Bzgl. des verdeckten Einbaus von RFID-Transpondern ist schließlich darauf hinzuweisen, dass inzwischen erste Schritte in die Richtung der Hinweispflicht auf den Transpondereinbau gemacht worden sind. So wurde bereits Standards entwickelt für Embleme, die auf den Tag und den genutzten RFID-Standard hinweisen.

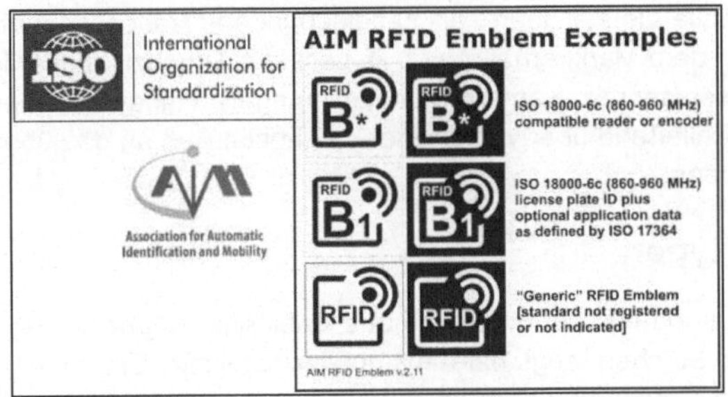

Abb. 2-8: Beispiele für RFID-Embleme nach AIM- / ISO-Standard[3]

---

[3] AIM [Hrsg.] (2010)

2.3 Barcode-Technik

2.3.1 Das Barcode-System

Barcodes, auch Strich- oder Balken-Codes genannt, sind die Kennzeichnungsträger des heute am weitesten verbreiteten Auto-ID-Systems. Sie werden maschinell gelesen und eine Auswertung erfolgt wie bei RFID-Systemen in EDV-Systemen.

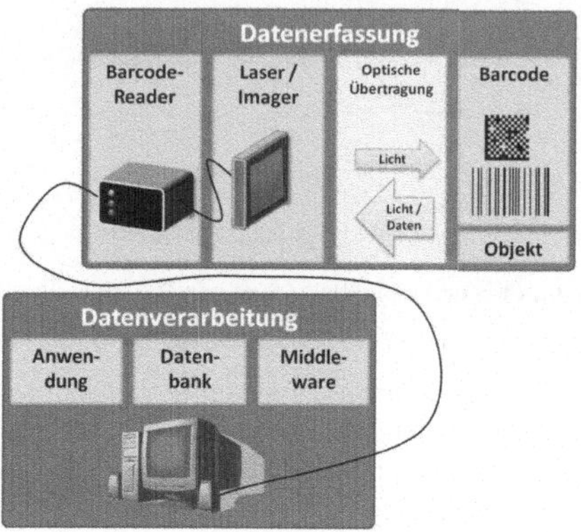

Abb. 2-9:   **Beispielschema für Komponenten eines Barcode-Übertragungssystems**

2.3.2 Erfassungsarten

Ein Barcodeleser ist ein Datenerfassungsgerät, das Barcodes erfassen und die Informationen weitergeben kann. Ein Barcodeleser besteht aus der Leseeinheit und der nachgeschalteten Dekodiereinheit. Die Erfassung der Barcodes erfolgt in Abhängigkeit der Dimension mittels Laser-Abtastung (1D Code) oder mittels Bildauswertung (1D bis 4D Code). Fast alle Leser sind mittlerweile als stationäre, als kabelgebundene Handscanner oder als mobile Erfassungsgeräte auf dem Markt erhältlich (z. B. Lesestift, Durchzugsleser für Barcode-Karten, CCD-Scanner, Laserscanner, Kamera-Scanner (Imager), Handy-Scanner). Die dekodierten Daten können anschließend über verschiedene Schnittstellen an das übergeordnete System weitergegeben werden.

2.3.3 Barcodetypen

Der Strich- bzw. Barcode ist ein Binärcode aus einer Aneinanderreihung von vertikalen, parallel angeordneten Strichen (engl. bars) mit unterschiedlichen Breiten und Zwischenräumen. Die Kennzeichnung erfolgte ursprünglich in Form von eindimensionalen (1D) Barcodes. Heute existieren daneben bereits Codierungen in bis zu vier Dimensionen.

Eine zweidimensionale Lesbarkeit bedeutet z. B., dass das Lesen des Codes von links-nach-rechts und zusätzlich von oben-nach-unten möglich ist und somit eine höhere Speicherkapazität und Fehlerkorrektur ermöglicht wird. Aber auch die Farbigkeit der Striche eines 1D-Strichcodes kann als zweite Dimension genutzt werden. Für die Lesbarkeit farbiger Barcodes ist eine Bildauswertung erforderlich. In Verbindung mit Displays und Techniken der Videoauswertung wurde ferner die Dimension der Veränderbarkeit über die Zeit für die Barcode-Technik eröffnet.

Nachfolgende Abbildung zeigt Beispiele für Barcodes verschiedener Dimensionen.

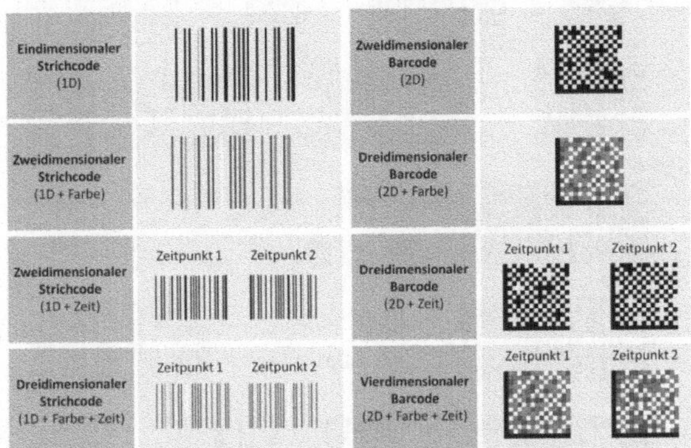

Abb. 2-10:   Beispiele für Barcodes verschiedener Dimensionen

2.3.4 Bauformen

Barcodes können auf verschiedene Arten auf Trägermaterialien aufgebracht werden. Sie können auf ein Trägermaterial z. B. gedruckt, geätzt, gestanzt oder geprägt werden. So können Barcode-Etiketten aus den unterschiedlichsten Materialien und mit der unterschiedlichsten Haltbarkeit und Widerstandsfähigkeit hergestellt werden.

Anders als z. B. bei RFID-Tags ist bei der Barcode-Technik auch ein sog. Direct-Part-Marking möglich, bei dem Barcodes unmittelbar, d. h. ohne Etikett bzw. Plakette etc. auf das zu kennzeichnende Objekt aufgebracht werden. Barcodes können dabei, werden entsprechende Lesegeräte eingesetzt, auch sehr klein sein.

Die nachfolgende Abbildung zeigt eine Auswahl verschiedener Barcodes auf unterschiedlichen Materialien, die darauf Folgende einen sehr kleinen Barcode für das Direct-Part-Marking, der zusammen mit einem sehr kleinen RFID-Transponder auf einer OP-Schere angebracht ist.

Abb. 2-11:   Eindrücke zu möglichen Formen von Barcodes[4]

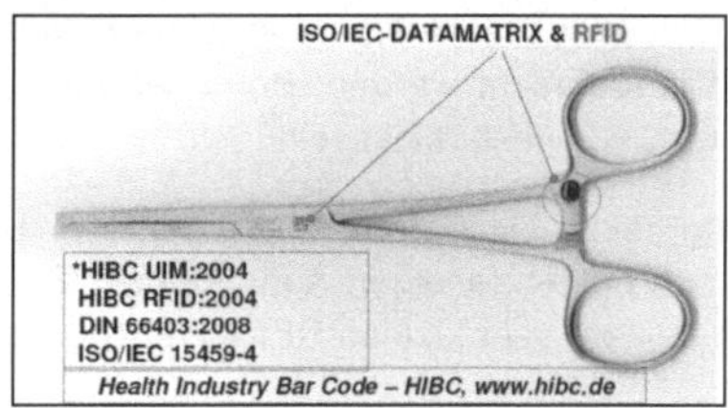

Abb. 2-12:   Direct-Part-Marking auf Metall mit sehr kleinem Datamatrix-Barcode ergänzt um kleinen RFID-Transponder[5]

Mit Blick auf die RFID-Technik ist der Trend zu beobachten, dass RFID-Transponder häufig in Verbindung mit zusätzlicher Barcode-Kennzeichnung eingesetzt werden. Folgende Abbildung zeigt einige Beispiele.

---

[4] Picco, Stefano [Hrsg.] (2007)
[5] EHIBCC [Hrsg.] (2008)

Abb. 2-13:   Barcodes als zusätzliche Kennzeichnung auf RFID-Transpondern[6]

2.4 Fingerprint-Technik

2.4.1 Das Fingerprint-System

Bei Systemen zur automatischen Erkennung von Fingerabdrücken handelt es sich um eine von vielen Möglichkeiten der biometrischen Erkennung. Im Unterschied zu den bisher beschriebenen Auto-ID-Techniken der RFID oder des Barcodes kommt man bei biometrischen Lösungen ohne hinzugefügte Kennzeichnungsträger aus, da zur Identifizierung der Objekte immanente Merkmale genutzt werden. Allerdings ist auch hier die Identifizierung nur möglich, wenn Referenzwerte zuvor bekannt gemacht worden sind.

Ähnlich wie bei anderen Auto-ID-Systemen ist auch ein Fingerprintreader i. d. R. Bestandteil eines übergeordneten Erfassungssystems, dessen Komponenten beispielhaft in nachfolgender Abbildung gezeigt sind.

---

[6] Mecalux (2007)

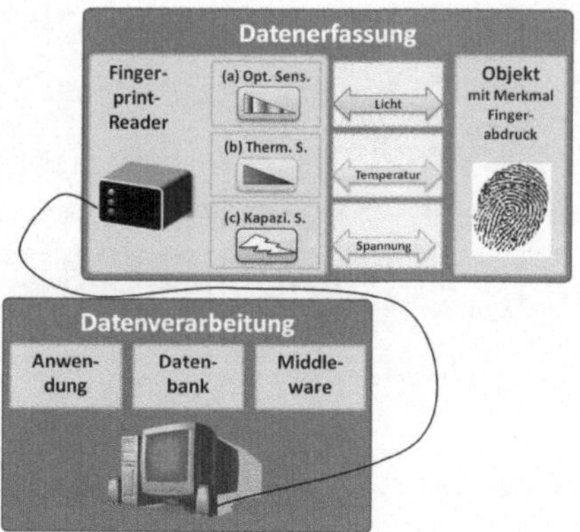

Abb. 2-14:   **Beispielschema für Komponenten eines Fingerprint-Übertragungssystems**

Nachfolgende Tabelle gibt einen Überblick über Eigenschaften der Fingerabdruckerkennung im Vergleich zu anderen biometrischen Systemen.

Eigenschaft	Erfassung	Invarianz	Einzigartigkeit	Akzeptanz
Fingerabdruck	Optisch, kapazitiv etc.	sehr gut	1:1 Million	gut
Fingergeometrie	Optisch (IR)	gut	1:1.000	sehr gut
Handgeometrie	Optisch (IR)	gut	1:1.000	sehr gut
Venen Handoberfläche	Optisch (IR)	gut	unbekannt	sehr gut
Augennetzhaut	Optisch (Laser)	sehr gut	1:1 Million	nicht gut (invasiv)
Augeniris	Optisch	sehr gut	1:6 Millionen	nicht gut
Unterschrift	Dynamisch (Druck)	nicht gut	1:10.000	sehr gut
Stimme	Elektroakustisch	nicht gut	1:10.000	gut
Gesicht	Optisch	gut	unbekannt	gut

Abb. 2-15:   **Beurteilung biometrischer Charakteristika[7] (auf Basis von Brüderlin)**

---

[7] Brüderlin [Hrsg.] (1999)

2.4.2 Sensortypen in Fingerprint-Systemen

Wie aus obiger Abbildung bereits zu erkennen, existieren für die Wahl der Fingerprintsensoren, die letztendlich die Erfassung des Fingerprints vornehmen, verschiedene Möglichkeiten. So werden die in nachfolgender Tabelle aufgeführten Sensortypen unterschieden, die verschiedene Vor- und Nachteile haben.

	optisch	kapazitiv	Ultraschall	thermisch	berührungslos optisch
Vorteile:	*am meisten erprobt vergleichsweise *günstig *temperaturunempfindlich	*allgemein gute Bildqualität	*sehr exakte Erfassung *da berührungslos, nicht von Schmutz und Kratzern beeinflusst	*sehr gutes Bild *kratzunempfindlich	*da berührungslos, nicht von Schmutz und Kratzern beeinflusst
Nachteile:	*Latenz-Abdruck von vorhergehenden Fingern	*meist zu kleine Sensorfläche	*noch nicht lange im Einsatz	*nur in Zeilensensorform	*Finger muß exakt auf Vorrichtung aufgelegt werden

Abb. 2-16   **Allgemeine Vor- und Nachteile der verschiedenen Fingerprint- Sensortypen**[8]

2.4.3 Eigenschaften von Fingerabdrücken

Die Verwendung von Fingerabdrücken in Zusammenhang mit einem biometrischen System, insbesondere einem Zutrittskontrollsystem, ist durch folgende Eigenschaften begründet:[9]

- **Universalität:** Jede zu erfassende Person besitzt mindestens zwei Finger mit entsprechenden Merkmalen, die zur Erfassung notwendig sind.

- **Unverwechselbarkeit:** Der Fingerabdruck jedes einzelnen Fingers ist einzigartig. Somit haben keine zwei Menschen das identische Abbild des Fingerabdrucks. Dies gilt auch für eineiige Zwillinge. Zusätzlich unterscheiden sich selbst die einzelnen Finger einer jeden Person voneinander.

- **Permanenz:** Der Fingerabdruck bleibt trotz Alterung lebenslang beständig. Ausgenommen von Verletzungen oder beruflich bedingter starker Abnutzung ist der Erhalt der Merkmale, die den gesamten Fingerabdruck ausmachen, im Wesentlichen konstant.

- **Erfassbarkeit:** Der Abdruck eines Fingers lässt sich entgegen anderer biometrischer Identifizierung mit relativ wenig aufwendigen Verfahren erfassen. Zudem ist für die Speicherung der Merkmale des Fingerprints nur wenig Speicherplatz erforderlich.

- **Kosten:** Das Fingerabdrucksystem ist eines der am längsten erforschten und mittlerweile eines der preiswertesten biometrischen Systeme geworden. Das spiegelt sich auch in dem Marktanteil der verschiedenen Technologien wieder. Die Fingerprinttechnologie hat sich auf dem Markt mit einem Anteil von 28 Prozent etabliert. Wird das in der Kriminaltechnik europaweit eingesetzte automatisierte Fingerabdruckidentifizierungssystem (AFIS), das zur effektiven Fingerabdruckspeicherung und zum Vergleich dient, hinzugezählt, ergibt das einen Marktanteil von fast 70 Prozent.

---

[8] International Biometric Group [Hrsg.] (2009)
[9] Basler / Schutt [Hrsg.] (2004), Maltoni / Maio / K. Jain / Prabhakar [Hrsg.] (2003)

2.4.4 Datenauswertung und Datenvorhaltung

Zu diesem Thema sind zunächst einmal die Erkennungsarten Identifikation und Verifikation zu unterscheiden:

- Die **Identifikation** zielt auf eine Feststellung der Identität ab. Dieser 1:n Abgleich vergleicht die erfassten biometrischen Merkmale eines Fingers mit den gesamten gespeicherten Referenzmerkmalen (Anzahl n). Dabei wird aus der Datenbank das Referenzmerkmal (Template) betrachtet, welches die höchste Ähnlichkeitsübereinstimmung aufweist. Werden beim Vergleich ausreichend viele Merkmalsübereinstimmungen gefunden, gilt die Identifikation als erfolgreich. Durch die erfolgte Identifizierung der Person kann das System Informationen wie z. B. Name oder User-ID ggf. anderen Applikationen oder Systemen zu Weiterverarbeitung zur Verfügung stellen.[10] Bei diesem Vorgehen sind in einer Datenbank viele Referenzmuster vorhanden.

- Bei der **Verifikation** hingegen handelt es sich nur um eine Bestätigung der Identität. Der 1:1 Vergleich erfordert im Gegensatz zum 1:n Vergleich einen wesentlich geringeren Aufwand. Das System wird durch die Bekanntgabe der Identität des Benutzers darüber informiert, welches Referenzmerkmal zum Vergleich eingesetzt wird. Wenn daraufhin der Finger vom System eingelesen wird, kann dieser mit dem deklarierten Template verglichen werden. Die Verifikation ist bei der Merkmalsübereinstimmung erfolgt.[11] Dieses Vorgehen erlaubt die Nutzung des sog. *„Template-on-Card-Prinzips"*, bei dem einer Person ein Template seines Fingerabdrucks auf einem Ausweisdokument mitgegeben wird aber dieses Template in keiner Datenbank gespeichert wird, wie z. B. beim biometrischen Reisepass in Deutschland.

Infolge des Wegfalls der Referenzmerkmalsuche kann eine Verifikation wesentlich schneller als eine Identifikation erfolgen. *„Auch die Sicherheit ist bei einer Verifizierung höher, da bei der Identifikation der Abgleich gegen eine Vielzahl von Datensätzen die Chance einer zufälligen Übereinstimmung erhöht."*[12]

In den demonstrierten Anwendungen im Projekt *„RFID-Baulogistikleitstand"* soll die Verifikation i. V. m. dem *„Template-on-Card-Prinzip"* genutzt werden, um datenschutzrechtliche Bedenken von Vorneherein möglichst gering zu halten. Es sollen also Fingerabdrücke nicht in Datenbanken sondern lediglich Templates auf einer ID-Card gespeichert werden.

---

[10] Maltoni / Maio / K. Jain / Prabhakar [Hrsg.] (2003a)
[11] Maltoni / Maio / K. Jain / Prabhakar [Hrsg.] (2003a)
[12] Laßmann, Gunter (2002)

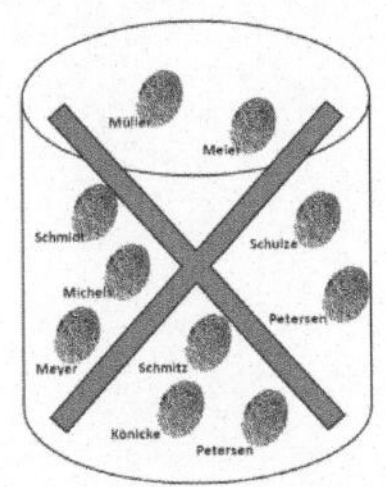

Abb. 2-17 **Identifikation mittels in Datenbanken gesammelten Fingerabdrücken vs. Verifikation bei Nutzung des „*Template-on-Card-Prinzips*"**

3 Vorarbeiten

3.1 Projekte am LuF B&B

3.1.1 Forschungsprojekt „*Wertschöpfungspartnerschaften*"

Mit dem Thema Wertschöpfung in der Bauwirtschaft beschäftigte sich das LuF B&B bereits im Zeitraum 2001 bis 2003. Innerhalb des Forschungsprojekts mit dem Titel *„Wertschöpfungspartnerschaften durch vertikale Kooperation zwischen General- und Nachunternehmer im Schlüsselfertigbau"*, gefördert vom Bundesministerium für Bildung und Forschung (BMBF), wurden verschiedene Optimierungsansätze in dem Wertschöpfungsnetzwerk der Bauwirtschaft, speziell zwischen General- und Nachunternehmer, aufgezeigt, um Bauvorhaben wirtschaftlich, qualitäts- und termingerecht abwickeln zu können. Eines der Ergebnisse war, dass bisher die notwendigen administrativen Werkzeuge fehlten; insbesondere verhinderten bislang fehlende effektive Instrumente zur Erfassung und Steuerung der Informationen, Material- und Personalströme innerhalb der Versorgungsnetzwerke die Umsetzung moderner, effizienter Managementkonzepte – wie das der vertikalen Wertschöpfungspartnerschaften – in der Bauwirtschaft.

3.1.2 Forschungsprojekt „*Methodenentwicklung zur Erfassung von Bauprozessdaten zur zeitnahen Steuerung von Bauproduktionsprozessen*"

Da, wie unter Ziff. 3.1.1 festgestellt, eine automatische Erfassung und Dokumentation von Bauprozessen bisher nur eingeschränkt möglich ist, sollte in einem weiteren Projekt untersucht werden, welche neuen Möglichkeiten hier neue Technologien bieten können. Die festgestellten Gründe für Mängel in der Erfassung und Dokumentation liegen zum einen in der besonderen Produktionssituation der Bauwirtschaft, zum anderen im Fehlen technischer Instrumente zur automatisierten Protokollierung von Bauprozessen. Als Folge ist auf Baustellen eine statische Form der Prozesssteuerung festzustellen.

Unter Einbeziehung der technischen Möglichkeiten von RFID wurden daher im Rahmen des von der Deutschen Forschungsgemeinschaft (DFG) geförderten Projektes *„Methodenentwicklung zur Erfassung von Bauprozessdaten zur zeitnahen Steuerung von Bauproduktionsprozessen"* neue Konzepte und Modelle der dynamischen Baustellensteuerung und Baustellenorganisation untersucht. Das Ziel war es, eine neue Methode zur automatisierten Erfassung von Bauprozessdaten zu entwickeln und zu untersuchen, inwieweit die RFID-Technik als Instrument zur Erfüllung dieser Aufgabe geeignet ist.

Ausgewählte Objekte der Bauproduktionsfaktoren Arbeitskraft, Arbeitsgegenstand und Arbeitsmittel sollten dabei mit RFID-Transpondern ausgestattet werden. Mit Hilfe von RFID-Lesegeräten sollten so automatisch Ereignisdaten gemessen und dokumentiert werden. Auf der Grundlage der ausgewerteten Messereignisse sollten Bauprozessdaten generiert werden können, die dann beispielsweise als Fertigungs-, Steuerungs- und Finanzinformationen weiterverwendbar sind.

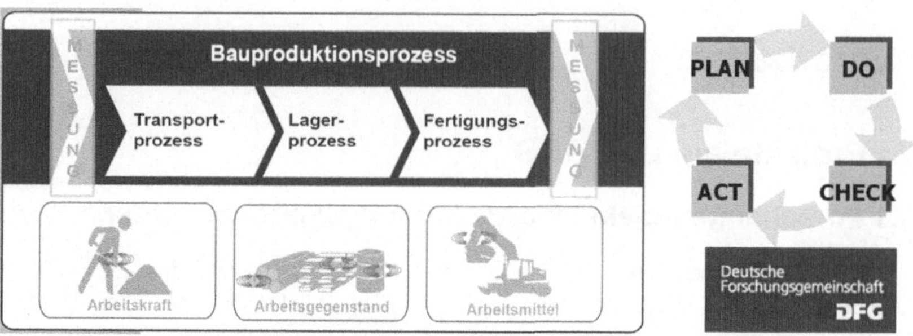

Abb. 3-1: Das Forschungsprojekt „Methodenentwicklung zur Erfassung von Bauprozessdaten zur zeitnahen Steuerung von Bauproduktionsprozessen"

Das Forschungsprojekt lief im Zeitraum 12/2006 bis 03/2009. Ergebnisse, ob und wie die RFID-Technik bspw. zur Protokollierung von Bauprozessdaten genutzt werden könnte, liegen zur Veröffentlichung im vorliegenden Bericht bisher noch nicht vor.

3.1.3 Vorstudie „RFID- Kontrollsystem für das Tragen der persönlichen Schutzausrüstung"

Erste anwendungsorientierte Versuche mit der RFID-Technik wurden vom LuF B&B 2005 im Verbund mit der Berufsgenossenschaft der Bauwirtschaft (BG Bau), Fachausschuss „Persönliche Schutzausrüstung" (PSA), sowie der Fa. Cichon + Stolberg Elektroanlagenbau GmbH, Köln (kurz: C+S) im Bereich Arbeits- und Gesundheitsschutz umgesetzt. Im Rahmen dieser Vorstudie mit dem Titel *„Kontrollsystem des Tragens der persönlichen Schutzausrüstung"* wurde ein Versuchsportal aufgebaut, mit dem die Ausstattung einer Versuchsperson mit PSA unter Laborbedingungen auf Vollständigkeit kontrolliert werden konnte.

Dabei geht eine Person mit markierter, vollständiger PSA durch ein Kontrollportal. Das RFID-System erkennt die Schutzausrüstung, und die Person kann passieren. Wird das Portal hingegen von jemandem durchschritten, dessen PSA unvollständig ist, so wird von dem System ein Warnsignal ausgegeben, das auf die fehlende Schutzausrüstung hinweist.

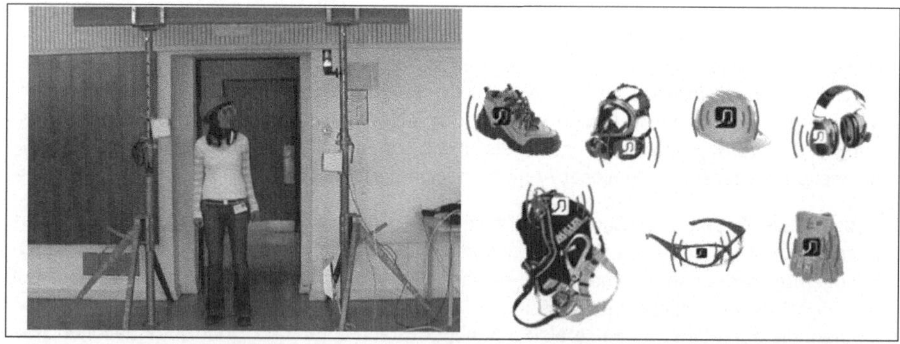

Abb. 3-2: RFID-PSA-Kontrollportal in der Vorstudie und verschiedene, mit RFID ausstattbare PSA-Objekte

3.1.4 Forschungsprojekt „*Sicherheitstechnik mit RFID*"

Vor dem Hintergrund der Ergebnisse dieser Vorstudie sind die beteiligten Projektpartner zu dem Ergebnis gekommen, dass die RFID-Technik neue Möglichkeiten zur Verbesserung von Sicherheit und Gesundheitsschutz am Arbeitsplatz bietet und darüber hinaus branchenübergreifend, auch für andere Anwendungsbereiche, einsetzbar ist.

Aufbauend auf dieser Vorstudie folgte ein Forschungsprojekt mit dem Titel „*Sicherheitstechnik mit RFID*", welches innerhalb einer Projektlaufzeit von Juni 2006 bis März 2009 gemeinsam mit C+S abgewickelt wurde. Dieses Projekt wurde von der Deutschen Gesetzlichen Unfallversicherung (DGUV) gefördert. Ziel dieses Projektes war es, die Qualität der Arbeitsbedingungen sowie die Sicherheit und den Gesundheitsschutz am Arbeitsplatz nachhaltig zu verbessern. Hierbei wurden zunächst Grundlagenuntersuchungen zum Einsatz der RFID-Technik mit besonderer berufsgenossenschaftlicher Relevanz durchgeführt.

Auf Basis der Projektergebnisse zur Grundlagenuntersuchung wurde im weiteren Verlauf des Gesamtprojektes ein RFID-Portal zur automatischen Kontrolle der PSA zum Einsatz in verschiedenen Branchen entwickelt und im Anschluss in Form von Praxistests während unterschiedlicher Szenarien getestet. Ziel war das Erreichen einer weitestgehend marktreifen Lösung. Auf die Ergebnisse wird im Laufe vorliegenden Berichtes detailliert eingegangen, da das System in dem Demonstrator „*RFID-Baulogistikleitstand*" nach vorangehender Weiterentwicklung integriert wurde.

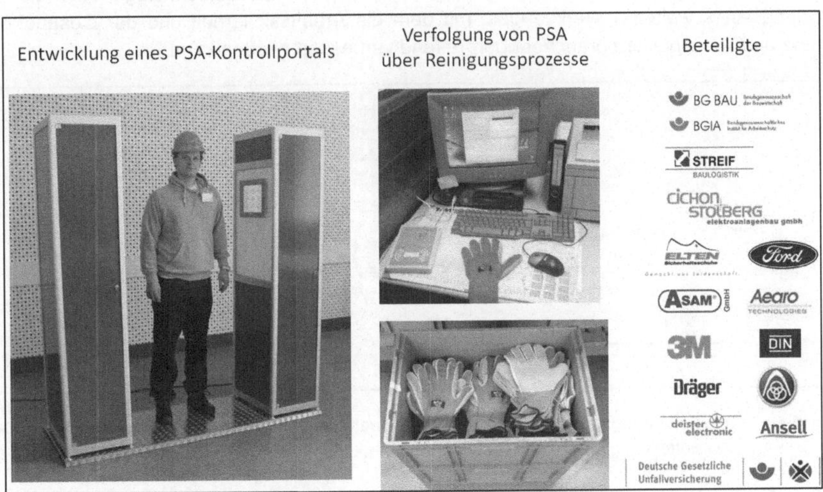

Abb. 3-3:   **RFID-PSA-Kontrollportal-Prototyp u. a. im Projekt „*RFID in der Sicherheitstechnik*"**

Die Ergebnisse aus dem Forschungsprojekt „*Sicherheitstechnik mit RFID*" sind in den Forschungsberichten zu den Projektmodulen 1 bis 3 vollumfänglich dargestellt. Die Berichte können über das LuF B&B und über die DGUV bezogen werden und wurden 2010 beim Verlag Vieweg + Teubner in der Reihe „*RFID im Bauwesen*" veröffentlicht.

3.1.5 Forschungsprojekt „Lebenszyklusdatenerfassung für PSA unter Einsatz von Auto-ID-Systemen"

Anschließend an das Projekt *„RFID in der Sicherheitstechnik"* und mit Blick auf die intensive Begleitung der Normungsarbeit des Arbeitskreises *„RFID bei PSA"*, der als Sonderausschuss unter dem Beirat des Normenausschuss PSA im Deutschen Institut für Normung (DIN) geführt wird (vgl. nachfolgende Ziff. 3.1.6), wird vom DGUV das Forschungsprojekt *„Lebenszyklusdatenerfassung für Persönliche Schutzausrüstung mit Auto-ID-Systemen"* gefördert. Dieses setzt u. a. mit Blick auf die parallel zu dem Forschungsprojekt *„Sicherheitstechnik mit RFID"* durch die Kommission für Arbeitsschutz und Normung (KAN) in enger Zusammenarbeit mit der Berufsgenossenschaft der Bauwirtschaft (BG BAU) durchgeführte Studie *„Zeitabhängige Leistungsmerkmale von PSA und ihre Berücksichtigung in Normen"* (KAN-Bericht 39), bei der Erkenntnis an, dass Auto-ID-Technologien eine probate Lösung zur Erfassung der Lebenszyklusdaten von Gegenständen der PSA im Hinblick auf zeitabhängige Leistungsmerkmale sein können. In diesem Projekt sollen auch Untersuchungen zu Möglichkeiten durchgeführt werden, wie RFID-Transponder mit integrierter Sensorik im Bereich der PSA-Überwachung eingesetzt werden können.

Das Projekt startete zum 01.04.2010. Hierbei soll ein Beitrag dazu geleistet werden, Innovationspotential in der Arbeitssicherheit und dem Gesundheitsschutz neu zu erschließen. Das Projekt beinhaltet neben der anwendungsorientierten Forschung im Bereich Arbeitsschutz, Sicherheitsmanagement sowie Informations- und Kommunikationstechnologie auch die Entwicklung eines weiteren Werkzeuges, mit dem die Arbeitssicherheit und der Gesundheitsschutz an Arbeitsplätzen branchenübergreifend verbessert werden kann.

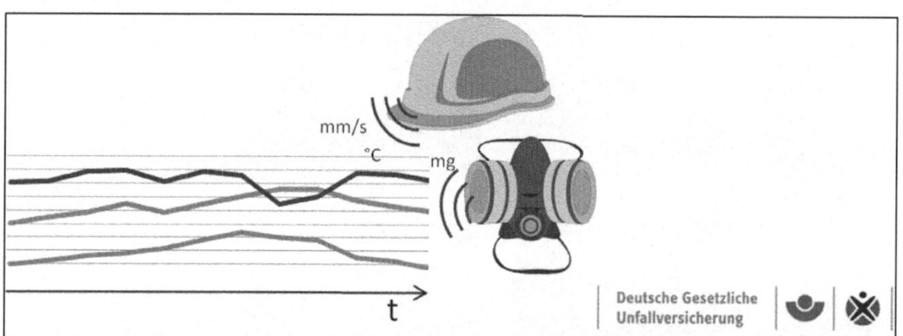

Abb. 3-4:   Das Forschungsprojekt *„Lebenszyklusdatenerfassung für PSA unter Einsatz von Auto-ID-Systemen"*

3.1.6 Forschungsprojekt „Klassifizierung von Merkmalen PSA"

Da es sowohl für einen flächendeckenden und synergetischen Einsatz von RFID-Systemen im Bereich der Arbeitssicherheit als auch im Zusammenhang mit der lebenszyklusnahen Erfassung von zeitabhängigen Leistungsmerkmalen von PSA von nachhaltiger Bedeutung ist, auf ein einheitliches System für die Klassifizierung von PSA zurückgreifen zu können, wurde im DIN ein Arbeitskreis *„RFID bei PSA"* eingeführt, der als Sonderausschuss unter dem Beirat des Normenausschuss PSA geführt wird, und den das LuF B&B zusammen mit dem *„Interdisziplinären Zentrum 3 – Zentrum für das Management technischer Prozesse"* (IZ3) der BUW begleitet.

Die Aufgabe dieses Arbeitskreises ist die Erarbeitung einer zunächst nationalen Norm mit dem Arbeitstitel *"Lebenszyklusdatenerfassung durch Auto-ID-Systeme"*. Diese soll die Themen automatische Erfassung und Identifikation, Erfassung von Alterungsprozessen, Kompatibilität und Sensorik umfassen. Geplant war die Erarbeitung eines Konzeptes für die Festlegung von Merkmalen von PSA auf der Basis der Anforderungen in europäischen PSA-Normen und die Erarbeitung eines Konzeptes für ein übergeordnetes Klassifizierungssystem für die PSA unter Berücksichtigung vorhandener Klassifizierungssysteme. In diesem Zusammenhang ist auch die Gründung einer *"Business Requirement Group"* bei GS1 Germany / EPCglobal angedacht.

Ziel des in diesem Rahmen zu sehenden Projekts „Klassifizierung von Merkmalen Persönlicher Schutzausrüstung" des IZ3 ist die Erarbeitung genormter Produktmerkmale von PSA und einer Klassifizierung zur Nutzung in RFID-Systemen. Die Merkmale sollen die Basis für die Kodierung von RFID-Transpondern sein.

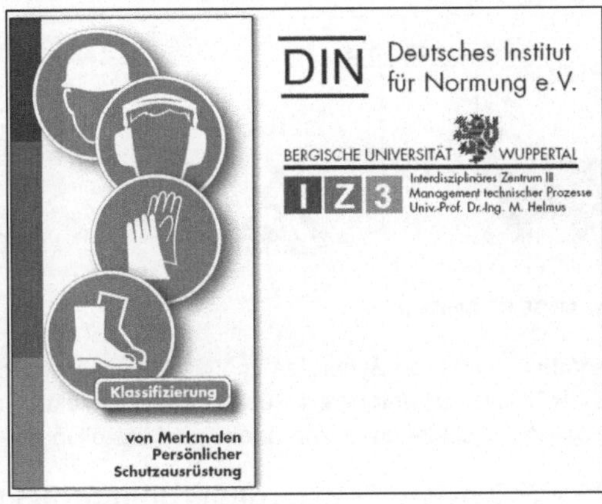

Abb. 3-5:   Das Forschungsprojekt „Klassifizierung von Merkmalen PSA"

3.2 Die ARGE RFIDimBau

Das Forschungs-Cluster *„RFID-Techniken im Bauwesen"*, kurz ARGE RFIDimBau, der Forschungsinitiative *„ZukunftBAU"* umfasst bisher elf Einzelprojekte. Die ARGE RFIDimBau besteht seit 2006 und ist für weitere Partner offen. Bei ihrer Arbeit werden die Forscher der ARGE RFIDimBau von zahlreichen Praxispartnern, die auch zur Projektfinanzierung beitragen, unterstützt.

Die Projekte der ARGE RFIDimBau befassen sich mit der langfristigen, nachhaltigen Qualitätsverbesserung und Kostenoptimierung von Bauwerken. Entlang der Wertschöpfungskette der Bau- und Immobilienwirtschaft werden zur Prozessoptimierung neue IT- sowie Auto-ID-unterstützte Methoden zur echtzeitfähigen und medienbruchfreien Erfassung, Kontrolle, Steuerung und Dokumentation von Prozessen entwickelt. Ein Fokus liegt hierbei beim Einsatz der RFID-Technik. Zur Verbreitung und Visualisierung der Ergebnisse werden die in den Projekten entwickelten Applikationen innerhalb von Demonstratoren umgesetzt, die bei Modellvorhaben eingesetzt und erprobt werden.

In den Einzelprojekten der ARGE RFIDimBau, die in den nachfolgenden Abschnitten beschrieben werden, werden dabei in sich weitgehend voneinander abgegrenzte Themen bearbeitet, die sich während eines Bauprozesses in der Praxis ergänzen.

Abb. 3-6:   **Aufbau der ARGE RFIDimBau**

Durch die Zusammenarbeit entstehen Synergien und die Lösungen werden miteinander vernetzt. Die ARGE RFIDimBau informiert über ihre Projekte im Internet unter www.RFIDimBau.de sowie auf zahlreichen Vorträgen und Ausstellungen.

3.2.1 Die „*ARGE RFIDimBau*" - Koordinierungsprojekte

Zur Koordinierung der ARGE RFIDimBau wurde bei Initiierung des Clusters 2006 ein sog. Koordinierungsprojekt beauftragt, in dem die Aktivitäten zur Abstimmung und Koordination der ARGE RFIDimBau in einem Koordinierungsprojekt gebündelt sind. Begleitet wird die ARGE RFIDimBau zudem von einem Lenkungsausschuss.

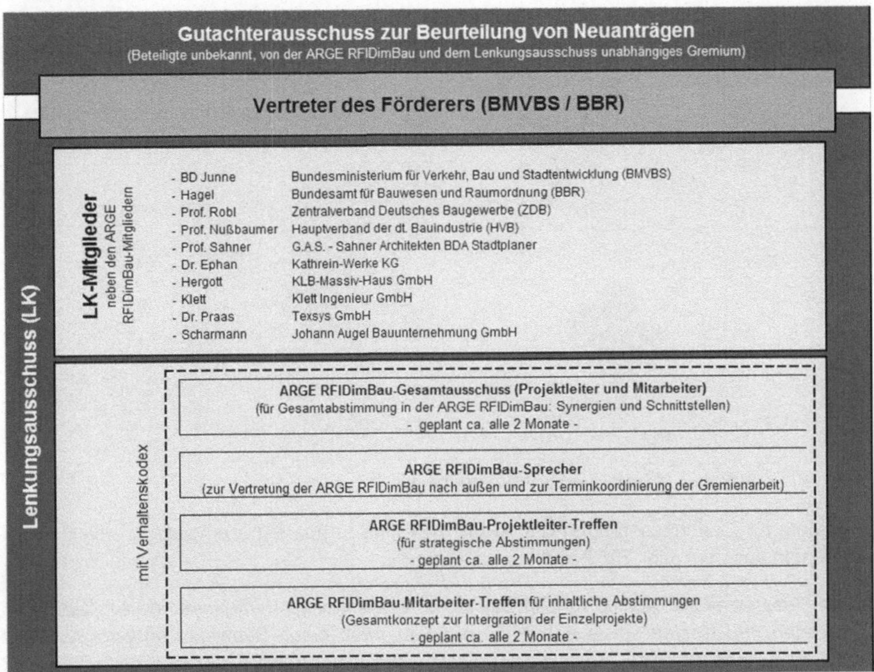

Abb. 3-7:   Gremien der ARGE RFIDimBau

In den Projekten *„ARGE RFIDimBau-Koordinierung Phase 2"* (Projektlaufzeit 12/2008 bis 12/2009) und *„ARGE RFIDimBau-Koordinierung Phase 3"* (Projektlaufzeit 01/2010 bis 12/2010) wird die Koordinierungsarbeit, die in der Phase 1 durch das Fraunhofer Institut für Bauphysik erfolgte, vom LuF B&B fortgesetzt. Im Rahmen dieser Projekte wurden und werden weiterhin somit Besprechungen zur inhaltlichen Abstimmung organisiert, die Öffentlichkeitsarbeit koordiniert und die ARGE RFIDimBau-bezogenen Dokumente in Zusammenarbeit mit den Mitarbeitern der Einzelprojekte erstellt und koordiniert.

Auf dem Forschungskongress 2010 in Berlin verdeutlichte die ARGE RFIDimBau ihre Auffassung zu ihren Funktionen vereinfacht mit folgender Abbildung (vgl. Abb. 3-8).

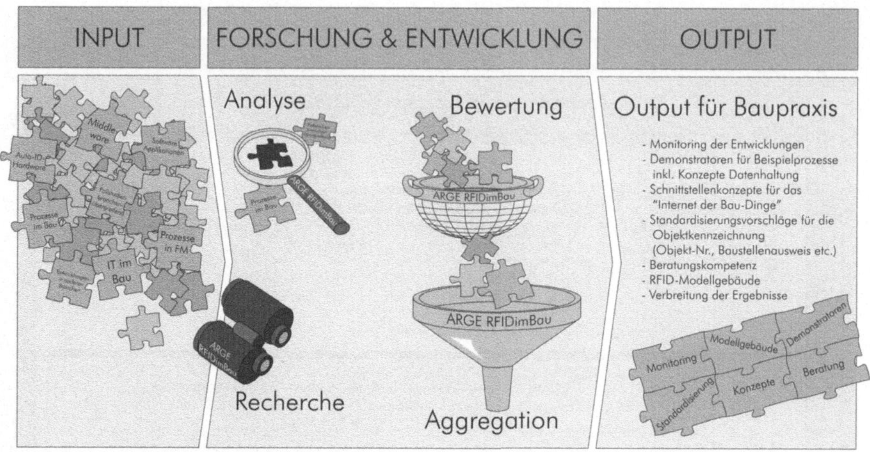

Abb. 3-8:   **Aufgaben / Funktionen der ARGE RFIDimBau**

Beispiele für Zielformulierungen der ARGE RFIDimBau aus den gemeinsam erstellten Dokumenten aus dem Jahr 2008 sind u. a.:

„Das Gesamtziel der ARGE RFIDimBau ist eine langfristige Verbesserung von Qualitäten, Bauzeiten und Kosten sowie Erhöhung der Sicherheit eines Bauwerks entlang der Wertschöpfungskette der Bau -und Immobilienwirtschaft. Dabei sollen jederzeit einfach der Ist-Zustand der Baustelle, des Gebäudes oder einer Baukonstruktion ermittelbar und die damit zusammenhängenden Prozesse aufzeigbar sein. Die Umsetzung des Gesamtziels des Verbundprojektes ARGE RFIDimBau erfolgt im Rahmen der in den Einzelanträgen definierten Teilziele … Zur Gewährleistung der Kompatibilität der Teilziele verfolgt die ARGE folgende Strategien:

Einsatz von elektronischer Produktkennzeichnung und sichtkontaktlos auslesbarer RFID-Technik (Radio Frequency Identification = RFID, passive oder aktive Transponder/ Tags ohne und mit Sensoren), auf Wunsch des BMVBS/BBR insbesondere kurzfristig verfügbarer Systeme (praxisnahe Entwicklungen),

Nutzung oder konzeptionelle Schaffung von Schnittstellen zu eingeführter Bau-Software (z. B. IAI-IFC, GAEB, BFR Gebäudebestand, elektronischen Bautagebüchern, Warenwirtschaftssystemen, AVA-Software, 3D-CAD-Software, Informations(fluss)modellen etc.) sowie zu Planungs-, Ausschreibungs- und sonstigen Bau-Programmen gemäß den Bauregeln (u. a. Bauprodukten-Gesetz) als offenes, modulares System,

Nutzung bestehender Standardisierungen (z. B. EPC als Kennzeichnungsnummer), Systemen (z. B. EPCglobal-Strukturen, fertige Middleware) und bestehender Klassifizierungssysteme (z. B. bau:class i. V. m. ecl@ss als Ordnungsnummern-Systeme für z. B. Anbindung von bestehenden Artikelstammdatenbanken (z. B. baustoffkatalog.com, HeinzeBauOffice)) und von Bauregellisten, Baugerätelisten etc.,

Prüfung der Möglichkeit der Anbindung bestehender Zertifizierungs- und Gütesysteme: z. B. RAL, Umweltdeklarationssystem (EPD) nach ISO 14025 zum Nachhaltigen Bauen, CE- und Ü-Kennzeichnungssysteme nach Bauproduktengesetz etc. Die Weiterführung zu einem Zer-

tifizierungssystem, in dem Nachhaltiges Bauen auf zuverlässigen, transparenten Kennzahlen basiert, wird auch vom BMVBS gefordert,

Prüfung der Möglichkeit zur Anbindung und Weiterentwicklung bestehender Auto-ID-basierter Zeitwirtschafts- und Zugangskontroll-Systeme, zur Reduzierung illegaler Beschäftigung, zur Maschinensteuerung, zur Steuerung, Dokumentation und Abrechnung von Leih- und Kaufvorgängen ("Baustellenausweis"),

Darstellung der Potenziale aus repräsentativen Systemanalysen, Modellversuchen mit Demonstratoren und Beispielanwendungen aus den folgenden Teilgebieten des Bauens,

Beobachtung der RFID-Entwicklungen in Praxis und Wissenschaft außerhalb der ARGE RFIDimBau zur Einbindung dieser Entwicklungen." [13]

Die einzelnen Projekte der ARGE RFIDimBau werden nachfolgend kurz vorgestellt.

3.2.2 Die Projekte „*IntelliBau1*" und „*IntelliBau2*" der TU Dresden

Durch die Professur für Bauverfahrenstechnik (Univ.-Prof. Dr.-Ing. P. Jehle), Fakultät Bauingenieurwesen, der TU Dresden wurde, unterstützt durch die Praxispartner Harting Electric GmbH & Co. KG und Hünnebeck GmbH, zunächst das Projekt „*IntelliBau1*" durchgeführt. Das Projekt hatte eine Laufzeit von 10/2006 bis 02/2008.

In dem Projekt wurde das Ziel verfolgt, „*durch eine Vielzahl intelligenter Bauteile (zum Beispiel Stahlbetonwände, Fertigteile oder Mauerwerkswände), eine dezentrale Informationshaltung zu erreichen. Dazu ist ein Lösungsansatz zum Einsatz der RFID-Technologie im Bauwesen mit dem Ziel einer ganzheitlichen Nutzungsweise erforderlich, in welchem der gesamte Lebenszyklus eines Bauwerkes berücksichtigt wird.*

Ziel des Projektes ,IntelliBau1' war es, für jede einzelne Lebenszyklusphase (wie Bauwerksplanung, Bauwerksherstellung, Betreiben und Unterhalten sowie Umnutzung, Modernisierung und Sanierung bis hin zum Abbruch) den erwarteten Nutzen auszuarbeiten und zu formulieren. Weiterhin sollten Randbedingungen für den Einsatz dieser Technologie in Bauteilen sowie Anforderungen an die Hard- und Software festgelegt werden.

Die Untersuchungen zu Randbedingungen und Anforderungen sind in dieser Phase des Projekts schwerpunktmäßig für die Bauwerksherstellung durchgeführt worden, da zu erwarten war, dass in dieser Phase die höchsten Anforderungen an das System zu stellen sind. Diese Phase unterscheidet sich durch eine große Komplexität und Einzigartigkeit deutlich von den anderen Lebenszyklusphasen. Außerdem erscheint das Optimierungspotenzial durch den Einsatz der RFID-Technologie hier am Größten, da für viele der am Bau beteiligten Unternehmen durch die angestrebte dezentrale Datenhaltung ein direkter und indirekter Nutzen

ermöglicht wird. " [14] Untersucht wurde nur am Markt verfügbare Hard- und Software, die für die Anwendung im Bauwesen nicht oder nur minimal angepasst werden müssen.

---

[13] Helmus (2010)
[14] ARGE RFID im Bau [Hrsg.] (2010)

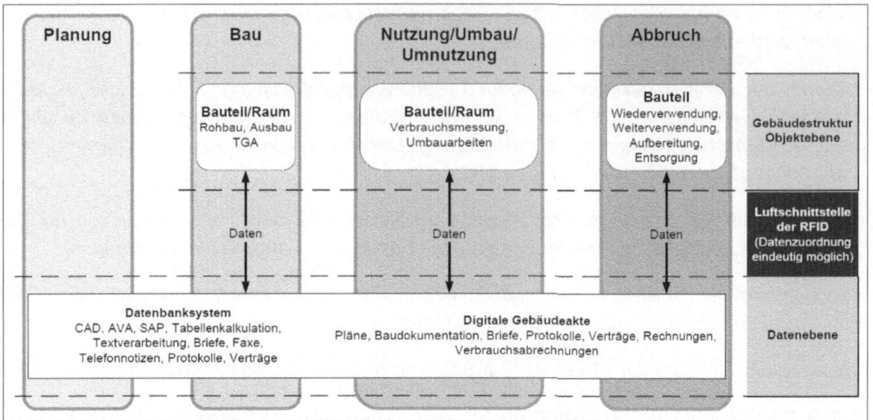

Abb. 3-9:   **Datenflussmodell unter Verwendung der RFID-Technologie**[15]

Anknüpfend an das Projekt *„IntelliBau1"* wurde bzw. wird im Zeitraum von 08/2008 bis 05/2010 unterstützt durch die Praxispartner Klebl Baulogistik GmbH, Betonwerk Oschatz GmbH, Harting Electric GmbH & Co. KG, BIB GmbH und Ed. Züblin AG Zentrale Technik das Projekt *„IntelliBau2"* durchgeführt.

Die Forscher der TU Dresden beschreiben das Projekt wie folgt: *„Ein durchgängiger, digitaler Datenfluss und die erhöhte Nachhaltigkeit im Datenmanagement sowie die Sicherstellung der Qualität und der Qualitätsdokumentation über alle Lebenszyklen eines Gebäudes sind die übergeordneten Ziele, welche durch den Einsatz der RFID-Technologie gewährleistet werden kann. Um diese Ziele zu erreichen, sind die nachfolgenden einzelnen Teilziele, aufbauend auf die Grundlagenuntersuchungen des Forschungsprojektes ‚IntelliBau1' erforderlich:*

[1] Evaluierung der Grundlagenuntersuchungen

[2] Definition und Festlegung von Standards

[3] Aussagen über die personellen und monetären Auswirkungen

[4] Analyse, Diskussion und Darstellung des Mehrwertes in der Nutzungsphase

[5] Datenstrukturen und Schnittstellen zu vorhandenen Softwareapplikationen[16]

Durch den Anwendungsfall ‚Vorfertigung' in einer Umlaufanlage der Betonwerk Oschatz GmbH sollen die Erkenntnisse aus der Forschungsphase 1 unter konstanten Randbedingungen (Umfeld und Prozessabläufe) getestet werden. Dabei ist mit deutlich mehr Störquellen als bei den Grundlagenuntersuchungen zu rechnen. Der anschließende Einsatz bei der konstruktiven Fertigteilherstellung (Klebl GmbH) ermöglicht eine letzte Überprüfung der Anforderungen unter einem Quasibaustellenbetrieb (Unikate, Schalungsbau, Bewehrungsbau) aber unter konstanten Randbedingungen (Umfeld und Prozessabläufe).

---

[15] ARGE RFID im Bau [Hrsg.] (2010a)
[16] ARGE RFID im Bau [Hrsg.] (2010b)

In beiden Fällen sollen im Vorfeld durch detaillierte Prozessanalysen die Einsatzpotenziale und die Nutzenpotenziale der RFID-Technologie in der Fertigteilherstellung, der Lagerung und der Montage aufgezeigt werden. So ist beispielsweise die Echtzeitverfolgung in der Produktion bis hin zur Montage heute noch nicht gegeben und führt regelmäßig zu Warte- und Suchzeiten sowie zur suboptimalen Auslastung der Produktionsstätten. Weiterhin ist es vorstellbar, dass die Technologie zur Steuerung der Herstellungsprozesse herangezogen werden kann.

Nachdem die Untersuchungen unter den konstanten Bedingungen der Fertigteilherstellung überprüft und gegebenenfalls angepasst sind, erfolgt der Einsatz der RFID-Technologie im Pilotprojekt 'Ministerium der Finanzen des Landes Brandenburg'. Jedes Bauteil wurde bereits mit Transpondern ausgerüstet und nun können verschiedene Prozesse parallel zum normalen Baugeschehen durchgespielt werden. Diese Prozesse sind beispielsweise die Freigaben für Folgegewerke, Abnahmen oder Leistungsverfolgung bzw. die genaue und zeitnahe Leistungsmeldung.

Durch die begrenzte Laufzeit des beantragten Forschungsvorhabens ist es nicht möglich, nach der Bauphase die eingebauten Transponder auch in der Nutzungsphase zu testen. Deshalb ist es vorgesehen, in bereits fertig gestellten Bauabschnitten verschiedene Prozesse in der Nutzungsphase, wie beispielsweise der Abruf von Materialdaten oder die Dokumentation von Reinigungs- oder Kontrolltätigkeiten, zu simulieren. Das Interesse der Industrie an diesem Projekt wird durch die vermehrten Anfragen nach dem Forschungsstand und weiteren Informationen, sowie möglichen Beteiligungen in der Forschung deutlich."[17]

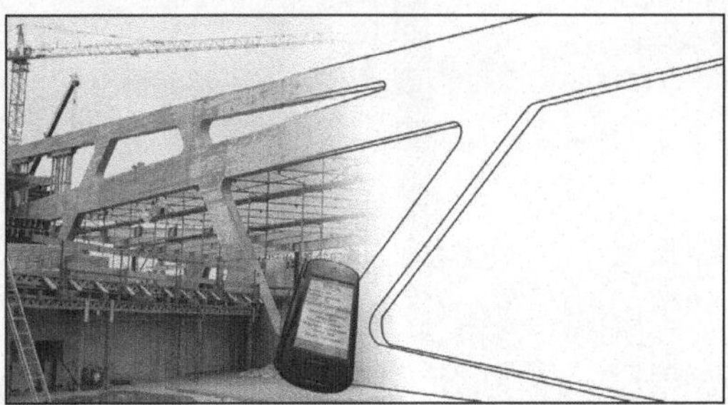

Abb. 3-10:   Impressionen zum Projekt „IntelliBau2" - Teil 1: Die RFID-Technik als Bindeglied zwischen Planungsdaten und Daten des Bauwerks[18]

---

[17] ARGE RFID im Bau [Hrsg.] (2010c)
[18] Institut für interdisziplinäres Bauprozessmanagement [Hrsg.] (2010), S. 269

Abb. 3-11: Impressionen zum Projekt *„IntelliBau2"* - Teil 2: Praxisdemonstration beim Bau des Ministeriums der Finanzen des Landes Brandenburg[19]

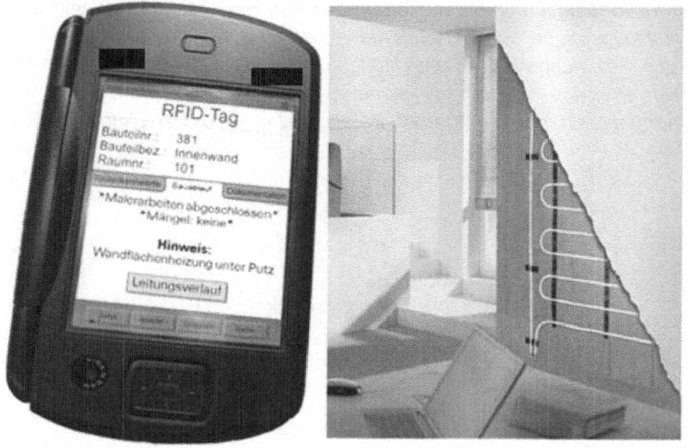

Abb. 3-12: Impressionen zum Projekt *„IntelliBau2"* - Teil 2: Anzeige und Änderung von Bauteildaten mittels mobilen RFID-Readern[20]

3.2.3 Die Projekte *„RFID-Kennzahlen"* und *„RFID-Sensor"* des Fraunhofer IBP und des Fraunhofer IMS

Das Fraunhofer Institut für Bauphysik (IBP) aus Stuttgart führte unter der Leitung von Norbert König zusammen mit dem Fraunhofer Institut für Mikroelektronische Schaltungen und Systeme (IMS) aus Duisburg und unterstützt durch die Praxispartner Hochtief AG und TMND GmbH zunächst im Zeitraum von 11/2006 bis 02/2008 das Projekt *„RFID-Kennzahlen"* durch.

---

[19] Schriftreihe Bauwirtschaft [Hrsg.] (2009), S. 287
[20] Institut für interdisziplinäres Bauprozessmanagement [Hrsg.] (2010), S. 286

Die Forscher schreiben zu diesem Projekt: *„Handwerkerqualität allgemein wird in Deutsch-land gut bewertet, doch der Sektor Bauwirtschaft ist aufgrund der komplexen Bauerstellung als ‚Unikate' fehleranfällig und der Umfang der Bauschäden pro Jahr viel zu hoch. Wenige an der Baustelle verfügbare Materialien sind zwar etikettiert, diese können jedoch kaum mit dem Sollzustand nach Ausschreibung verglichen werden. Der Einbau und die Detail-Ausführung sind meist in der Verantwortung des Bauleiters oder Handwerkers vor Ort. Daraus entstehen vielfach ausführungstechnische sowie bauphysikalische Probleme und damit Bauschäden in Millionenhöhe. Die tatsächliche Ausführung wird nicht dokumentiert und ist im Streitfall nicht nachvollziehbar. Der Investor und Gebäudebetreiber erhält mit der Übergabe meist den ‚gol-denen Schlüssel' anstatt einer Daten-CD mit den Gebäudedaten und einer betreibergerech-ten Bedienungsanleitung. Alle wesentlichen Anforderungen nach BPR/BauPG basieren auf der Produktebene „eingebautes Bauteile im ganzen Bausystem" als sog. ‚Funktionelle Ein-heiten' (FE) d. h. als Räume und Gebäude. Nur an der gesamten Glasfassade einschließlich der korrekten Fugendichtung funktioniert der Wärme-, Schlagregen- und Schallschutz. Für den Nachweis der Gebrauchstauglichkeit über die vielen Jahrzehnte der Gebäudenutzung kann die elektronische Kennzeichnung und Datenhaltung mit RFID-Technik zur Verbesse-rung der Bauqualität und Kostenreduzierung eingesetzt werden.*

Die RFID-Lösungen aus der Logistik von Textilien oder Maschinen können aufgrund der Be-sonderheiten des rauen Baustellenbetriebs und der langen Lebensdauer von Gebäuden nicht ohne Anpassungen und gezielte Untersuchungen auf die Bauwirtschaft übertragen werden. Deshalb sind die relevanten Kennwerte zu erfassen und zu bewerten für

- *bestellte, angelieferte Baustoffe oder Bauteile,*
- *an der Baustelle zu Konstruktionen zusammengesetzte und eingebaute Bauteile,*
- *Soll-Ist-Vergleich, Bauabnahme,*
- *Baudokumentation, Datenqualität, Nachweise zu Umwelteigenschaften von Bausyste-men und Gebäude,*
- *FM-Anforderungen im Regelbetrieb der Gebäude.*

Einige diese Kennwerte werden im Projekt beispielhaft analysiert und in aggregierte Daten zur bauphysikalischen Qualität von Funktionellen Einheiten umgesetzt. Die derzeit verfügba-ren RFID-Techniken mit den elektronischen Etiketten, den sog. Transpondern, Lesegeräten, Datenspeicher- und Datenübertragungssystemen werden dargestellt. Welche Funktechnik für welche Bauanwendung geeignet erscheint, ergaben Tests im Labor der Fraunhofer-Institute IMS und IBP sowie an verschiedenen Anwendungsbeispielen und auf Baustellen. Als Demonstratoren wurden Fassadenelemente, Dämmstoffe und Bauteile aus der TGA mit RFID-Technik getestet und für die Funktionelle Einheit ‚Glasfassade' und ‚Lüftungstechnik' im Modell erprobt. Die Nutzung auf der Baustelle wird am sog. ‚Digitalen Kiosk für die funktionelle Einheit' dargestellt: dort können Kenndaten, Einbauanleitungen, Checklisten und Fotos mit Hilfe einfacher Sprachausgabe und Diktierfunktion handwerkergerecht aufs Gerüst geholt werden. Beispiele solcher Kennzahlen, also die Unterscheidung von statischen und dynamischen Informationen zu Bauprodukten, zu Baukonstruktion mit bauphysikalisch wich-tigen Daten zum Einbau, zur Fertigstellung, Abnahme und Übergabe an den Bauherrn und Nutzer in Datenbanken und der Kommunikation zum RFID-Transponder werden aufgezeigt. Daraus lassen sich dann Kennzahlen für einen nachhaltigen Gebäudebetrieb in den unter-schiedlichen Planungszeiträumen (Vorplanung nutzt Solldaten, Ausführungsplanung nutzt Istdaten) ableiten und über die sog. ‚digitale Gebäudeakte' verständlich machen."

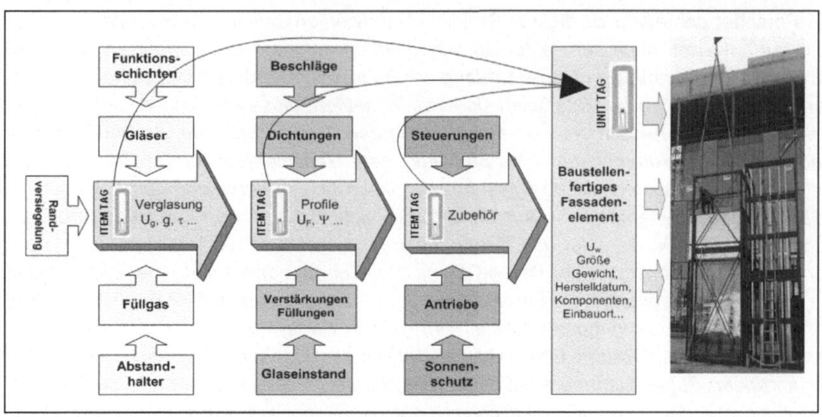

Abb. 3-13: Die Idee zur FE im Projekt „*RFID-Kennzahlen*"[21]

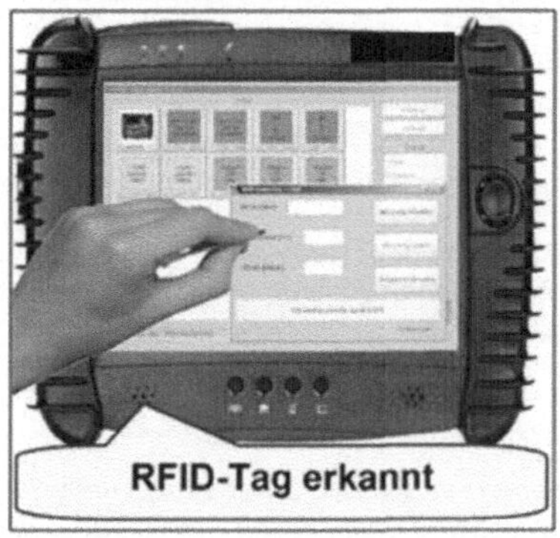

Abb. 3-14: Mobiler RFID-Leser als Datenkiosk im Projekt „*RFID-Kennzahlen*"[22]

Anknüpfend an das Projekt „*RFID-Kennzahlen*" bearbeiten die beiden Fraunhofer Institute derzeit mit einer Laufzeit von 11/2009 bis 01/2011 gemeinsam und unterstützt u. a. durch die Praxispartner CalCon, Gedeon, Roto Bauelemente, TMND und Va-Q-Tec das Projekt „*Sensor-RFID: Energie – Hygiene – Sicherheit*", das sie wie folgt beschreiben:

„Im Projekt ‚RFID-Kennzahlen-1' lagen die Schwerpunkte auf der RFID-Technik selbst und in der Analyse und Bewertung zur Nutzung im Bereich der Bauphysik an Bausystemen mit wichtigen funktionellen Einheiten (Fassade, Lüftung). D. h. bisher war die Lebenszyklusphase eines Bauwerks ‚Erstellung' im Vordergrund. In der Phase 2 ‚RFID-Sensor' soll die Nutzungsphase eines Bauwerks untersucht werden, um die RFID-Kennzeichnungssysteme in den vieljährigen Zyklen des Baubetriebs und Bauunterhaltung zu untersuchen. Hierfür werden neben statischen Informationen über die Herkunft und Qualität eingesetzter Bauprodukte auch dynamische Informationen über den aktuellen Zustand dieser Bauteile oder Anlagen benötigt, da im Laufe der Nutzung Verschleiß, Alterung, Verwitterung, Feuchtebelastung

---

[21] ARGE RFID im Bau [Hrsg.] (2010d)
[22] ARGE RFID im Bau [Hrsg.] (2010e)

oder Verschmutzung die ursprünglichen Eigenschaften im Neuzustand maßgeblich ändern können. Dazu können die neu am Markt erhältlichen RFID-Sensor-Transponder ohne aufwändige Verkabelung auch im Rahmen der Altbausanierung eingesetzt werden. Mit den Hilfsgrößen wie Temperatur, Druck, Feuchte (Kraft, Dehnung, Licht / Beleuchtungsstärke) oder Frequenz lassen sich Energieeffizienz, Hygienezustände und Sicherheitsaspekte im Gebäudebetrieb messtechnisch erfassen und auch über längere Zeiträume protokollieren. Darin liegt ein noch unerschlossenes Potenzial für die RFID-Techniken, um die Unterhaltskosten von Gebäuden zu reduzieren und die Effizienz und Bauqualität zu erhöhen."

3.2.4 Die Projekte *„RFID-Gebäude-Leitsystem"* und *„RFID-Wartungs-Leitsystem Brandschutz"* der TU Darmstadt

Am Institut für Numerische Methoden und Informatik im Bauwesen der TU Darmstadt wurden in dem Projekt *„Kontextsensitives RFID-Leitsystem zur Navigation und Ortung von Einsatzkräften in Gebäuden"* (kurz: *„RFID-Gebäude-Leitsystem"*) unter Leitung von Univ.-Prof. Dr.-Ing. Uwe Rüppel und unterstützt durch die Praxispartner Fraport AG – Flughafenbrandschutz und Bureau Veritas Brandschutzservices GmbH im Zeitraum von 12/2007 bis 05/2009 nach Beschreibung der Forscher *„… Methoden zur Indoor-Ortung und -Navigation für Einsatzkräfte zur schnellen Wegfindung im Einsatzfall in Gebäuden am Beispiel der Flughafenfeuerwehr des Frankfurter Flughafens entwickelt. Die bestehenden Feuerwehrlaufkarten in Papierform wurden durch navigationstaugliche, digitale Laufkarten (generiert aus CAD-Gebäude-Informationen) zur Verwendung auf mobilen Endgeräten ergänzt. Bisherige Indoor-Ortungsmethoden sind aufgrund ihrer spezifischen Ausrichtung nur für bestimmte Raumgrößen und Umgebungen geeignet. Mit dem neuen, praxisgerechten und ökonomischen Multimethodenansatz auf Basis von RFID-, Ultra-Wide-Band- (UWB) und WLAN-Ortung konnte eine effiziente und wirtschaftliche Indoor-Navigations-Integrationsplattform geschaffen werden, die erstens je nach Umgebung eine Ortung auf Basis von RFID mit UWB- und WLAN-Ortung kombiniert, die zweitens die Aktualisierung der Bestandsdokumentation der brandschutztechnischen Einrichtungen computergestützt erlaubt und die drittens im Alarmfall diese Informationen auf mobilen Endgeräten vor Ort zur Verfügung stellt. Hierfür werden einsatzrelevante Informationen für die Rettungskräfte in ihrem räumlichen Kontext (kontextsensitiv) dargestellt, z. B. Informationen über Notabschaltungsmöglichkeiten technischer Anlagen, Zutrittsberechtigungen und Zuständigkeiten.*

Die praxisnahe Forschung ist durch die enge Abstimmung mit den namhaften Praxispartnern auf Grundlage des wirtschaftlichen Multimethodenansatzes und vielfältiger Anwendungsfelder der Ergebnisse sichergestellt worden. Bereits am Ende dieser ersten Phase wurde das erforschte System in einer realitätsnahen Testumgebung am Frankfurter Flughafen für den Einsatzfall evaluiert. Die in diesem Forschungsprojekt gewonnen Ergebnisse und Erkenntnisse lassen sich aufgrund der inhomogenen Struktur des Flughafens auch direkt auf andere komplexe Bauwerke (Bürogebäude, Produktionshallen, Versammlungsstätten etc.) übertragen."

Abb. 3-15:   Impressionen zum Projekt „*RFID-Gebäude-Leitsystem*": Praxisdemonstration am Frankfurter Flughafen[23]

Im darauf anschließenden Projekt „*RFID-Leitsystem zur Wartung und Begehung von Brandschutzelementen in komplexen Gebäuden*" (kurz: „*RFID-Wartungs-Leitsystem Brandschutz*" werden seit 07/2009 und voraussichtlich bis 03/2011 unterstützt durch die Praxispartner Fraport AG – Flughafenbrandschutz, Bureau Veritas Brandschutzservices GmbH, Identec Solutions AG und Innotec GmbH nach Beschreibung der Forscher „*...die gebäudereferenzierten Pläne um Methoden der Indoor-Routenberechnung erweitert. Hierzu sollen in Zusammenarbeit mit der Innotec GmbH CAD-Daten mittels eines zu entwickelnden Tools direkt in Routingnetze überführt werden, die dann für die Berechnung des kürzesten Weges innerhalb eines Gebäudes nutzbar sind. Bauliche Veränderungen im Wegenetz eines komplexen Gebäudes sollen damit automatisch bei der Routenberechnung berücksichtigt und eine Ersatzroute berechnet werden.*

Das in der ersten Phase entwickelte System soll für die Gebäudewartung im Rahmen des vorbeugenden Brandschutzes nutzbar gemacht werden. Hierdurch soll eine vollständige, digitale Dokumentation der Wartung und eine Verifizierung der tatsächlichen Anwesenheit der Wartungskräfte vor Ort mittels RFID-Tags sichergestellt werden. Zur Verbesserung der RFID-Ortung wird in Zusammenarbeit mit Identec Solutions ein auf Signallaufzeitmessung basiertes RFID-Ortungssystem entwickelt, dass sich durch geringen Installationsaufwand auszeichnet. Hiermit können auch ortsunkundige Wartungskräfte, z. B. von Fremdfirmen, auf direktem Weg zum Wartungsort mittels Indoor-Navigation geführt werden. Wartungskräfte sollen weitere Informationen über Bauteile mittels RFID (z. B. Kabel- oder Rohrdurchführungen) auslesen können. In diesem Zusammenhang können Informationen aus den intelligenten Bauteilen des Projektes RFID-IntelliBau der ARGE RFID im Bauwesen genutzt werden.

Das RFID-Leitsystem mit den Komponenten Gebäude und Wartung soll ab Ende der Phase 2 dauerhaft in einem Gebäude auf dem Gelände des Flughafens Frankfurt am Main der Öffentlichkeit präsentiert werden. Neben den Feuerwehren, Gebäudebetreibern und -versicherern werden nach der Phase 2 auch Wartungsunternehmen als Technologietreiber für das RFID-Leitsystem erwartet. Damit ergibt sich ein großes Marktpotential für die Forschungs-Ergebnisse und -Erkenntnisse zur RFID-Technologie aus Phase 1 und 2 für ‚indoor location based services' und beim vorbeugenden sowie abwehrenden Brandschutz für Gebäude."

---

[23] ARGE RFID im Bau [Hrsg.] (2010f)

3.2.5 Das Forschungsprojekt „*InWeMo*" der BU Wuppertal

Von den Verfassern wurde im Forschungsprojekt „*InWeMo*", das eine Projektlaufzeit von 10/2006 bis 02/2008 hatte, das Ziel verfolgt, ein Wertschöpfungsmodell zum Einsatz der RFID-Technik in der Bau- und Immobilienwirtschaft, welches einen durchgängigen transparenten Informationsfluss über die Wertschöpfungsstufen gewährleisten kann, zu entwickeln. Das Projekt wurde unterstützt durch die Praxispartner Alho Systembau GmbH / Alho Holding GmbH & Co. KG und Cichon + Stolberg Elektroanlagenbau GmbH. Der Fokus wurde auf den Bereich der Baulogistik gelegt, um Überschneidungen von Forschungsinhalten in der ARGE RFIDimBau weitgehend zu vermeiden.

Die Ergebnisse sind 2009 im Band „*RFID in der Baulogistik*" in der Reihe „*RFID im Bauwesen*" des Vieweg + Teubner Verlages veröffentlicht worden (Bestellinformationen unter www.baubetrieb.de). Die wesentlichen Ergebnisse werden nachfolgende zusammengefasst, da auf ihnen die Entwicklungen im Projekt „*RFID-Baulogistikleitstand*" basieren.[24]

<u>Durchführung des Forschungsprojektes „InWeMo"</u>

Bei der Durchführung des Forschungsprojektes wurde wie folgt vorgegangen:

- Als Basis für die Modellentwicklung und Demonstration mussten im Vorfeld diverse Recherchen durchgeführt werden:

    o Recherche zum aktuellen Stand der Baulogistik und Festlegung eigener Definitionen als Grundlage für den Kernuntersuchungsbereich im Rahmen des Forschungsprojektes

    o Recherche und Zusammenfassung bzgl. der Grundlagen zum elektronischen Datenaustausch, zur Warenwirtschaft, zur Identifizierung und Kennzeichnung sowie zu Ordnungs- und Klassifizierungssystemen und (Stamm-)Datenbanken

    o Durchführung einer Unternehmensbefragung in der deutschen Bauindustrie zum Thema „*Zutritts- und Zufahrtskontrollsysteme für Baustellen*"

    o Recherche, Zusammenfassung und Aufbereitung der bauspezifischen Grundlagen zum Einsatz der RFID-Technik im Vergleich zu anderen Auto-ID-Systemen

    o Recherche zum Stand der RFID-Anwendungen und baubezogener RFID-Forschung in der Bau- und Immobilienwirtschaft (national und international)

- Die Ergebnisse dienten der Entwicklung des „*InWeMo*":

    o Entwicklung des Modells „*InWeMo*" zum Informationsaustausch und Darstellung der Schnittstellen zur ARGE RFIDimBau sowie zu weiteren Applikationen

---

[24] Die Ergebnisse aus dem Projekt „*InWeMo*" und damit die Zusammenfassungen unter Ziff. 3.2.5 beziehen sich auf den Kenntnisstand Ende 2008

- Schließlich galt es, die Funktion des Modells zu demonstrieren:

  o Demonstration des Modells „*InWeMo*" in Form des „*RFID-Bauservers*" (Kernde-
    monstrator) anhand von Praxisbeispielen aus der Material- und Personallogistik
    (physische Demonstratoren)

Recherche zur Baulogistik

Um den Einsatz der RFID-Technik in der Baulogistik untersuchen zu können, legte das LuF
B&B folgende Definition für die Material- und Personallogistik fest:

> Die Material- und Personallogistik zielt auf die Ver- und Entsorgung mit bzw. von den
> richtigen Objekten, zum richtigen Zeitpunkt, in der richtigen Qualität und Quantität, am
> richtigen Ort und zu den richtigen Kosten ab, um die Ziele eines Bauprojekts hinsichtlich
> Terminen, Kosten und Qualität zu erreichen.

Der Bereich der Versorgungslogistik wurde als Kernuntersuchungsbereich definiert. Er umfasst alle Aktivitäten, die eine termingerechte und kostenoptimale Versorgung der Baustelle
mit den erforderlichen Objekten (z. B. Material und Personal) gewährleisten. Der Bereich der
Versorgungslogistik endet mit dem Eintreffen bzw. dem Lagern der Objekte auf der Baustelle.

Somit wurde im Rahmen des Projektes untersucht, ob eine termingerechte und kostenoptimale Versorgung der Baustelle durch Objektein- und -ausgangserfassungen (Material und
Personal) in Echtzeit entlang der Wertschöpfungskette i. V. m. der Kontrolle, der Steuerung
und der Dokumentation durch Einsatz der RFID-Technik erreicht werden kann. Hierzu musste insbesondere im Bereich des Materials untersucht werden, inwieweit in der Bauwirtschaft
entlang der Wertschöpfungskette einheitlich gekennzeichnet wird und wie Material an den
Übergabe-Schnittstellen der am Bau Beteiligten identifiziert wird.

Recherche zur Kennzeichnung und Klassifizierung von Material

Kennzeichnung

Die Ergebnisse zeigen, dass Baustoffhersteller und Zulieferer ihre Produkte auf unterschiedliche Art oder auch gar nicht kennzeichnen. Die Kennzeichnung erfolgt im Wesentlichen in Klarschrift. Falls Auto-ID-Systeme eingesetzt werden, dann handelt es sich um Barcode-Systeme.

Im Bereich der Baumärkte für Heimwerker findet die Kennzeichnung bereits verbreitet mit
strichcodierter GTIN (Ehemals EAN) statt. Die Warenkennzeichnung erfolgt ähnlich wie in
einem Supermarkt. Bestellungen können durchgeführt, das Lager verwaltet sowie automatisch aufgefüllt und die Preise an der Kasse abgerechnet werden. Produktinformationen können durch Identifikationsnummern schnell abgerufen bzw. gefunden werden.

Bei einzelnen Baustoffhändlern findet bezüglich der Kennzeichnung bereits eine Wende
statt. So werden immer mehr Produkte mittels Strichcode erfasst, was die Lagerhaltung vereinfacht und optimiert. Genutzt werden dabei die gleichen Geräte wie im Baumarkt. Hersteller und Händler sind dabei bzw. haben sich bereits auf einheitliche Systeme geeinigt.

In den Bauunternehmen werden Objekte zurzeit auf einfachste Weise mit Farbmarkierungen,
Firmenaufklebern oder Stiften gekennzeichnet, um diese auf sehr einfache und verständli-

che, jedoch z. T. wenig manipulationssichere Art dem Eigentümer zuordenbar zu machen. Ab einem bestimmten Wert werden, nicht zuletzt steuerlich veranlasst, Inventarnummern verwendet und häufig in Aufkleber- oder Etikettenform an den Objekten befestigt. Ein Strichcode auf der Baustelle wird aufgrund der beim Bauen unvermeidbaren Verunreinigungen oft als nicht praktikabel angesehen, da i. d. R. an papiergebundene Barcodes gedacht wird.

Festgestellt werden konnte zusammenfassend, dass im Vergleich zu anderen Branchen ein enormer Nachholbedarf bei der Kennzeichnung von Objekten herrscht. Gerade die Kennzeichnung mittels RFID-Transpondern kann infolge der Möglichkeit der sichtkontaktfreien – also verschmutzungsunabhängigen – Identifizierung hier neue Möglichkeiten bieten. Hierbei sollte jedoch dafür gesorgt werden, dass neben der Kennzeichnung mittels RFID-Transpondern auch eine zuverlässige, manuell erfassbare Kennzeichnung auf anderem Weg erfolgt, da in vielen Prozessen die Identifizierung auch ohne RFID-Leser erforderlich sein wird und zudem eine Sicherheit für den Fall des Versagens des RFID-Transponders geschaffen werden sollte. In Fachkreisen besteht weitestgehend Einigkeit darüber, dass RFID-Transponder auch in der Zukunft i. d. R. nur als Ergänzung vorhandener Kennzeichnung eingesetzt werden, nicht jedoch als Ersatz für eine solche.

Klassifizierung

Klassifiziert werden im Baubereich zu unterschiedlichen Zeitpunkten des Baugeschehens die unterschiedlichsten Bauprodukte, Leistungen und Informationen etc. Die Recherche zeigte, dass im Bauwesen eine Vielzahl an Klassifizierungssystemen eingesetzt wird. Am stärksten auf die Bauwirtschaft ausgerichtet erscheint das System bau:class. Es bleibt jedoch abzuwarten, ob sich eines der Systeme durchsetzen wird oder ob es mehrere Systeme nebeneinander geben wird.

Das LuF B&B sieht in der Verbindung von produktneutralen Ausschreibungen mit klassifizierten Stammdatenbanken i. V. m. einer einheitlichen Kennzeichnung und Identifizierung (z. B. mit Hilfe der RFID-Technik) ein hohes Optimierungspotenzial. Durch eine solche Verbindung wäre es beispielsweise beim Wareneingang möglich zu kontrollieren, ob die angelieferten Materialien die Anforderungen der Ausschreibung erfüllen. Auf diese etwas komplizierteren Zusammenhänge zwischen Klassifizierungs- und Kennzeichnungsnummernsystemen wird an anderer Stelle eingegangen, um die große Vision hinter vielen RFID-Projekten zu verdeutlichen.

Recherchen zur RFID-Technik und zu RFID-Anwendungen in der Bau- und Immobilienwirtschaft

Um die Objektein- und -ausgangserfassung (Material und Personal) in Echtzeit entlang der Wertschöpfungskette i. V. m. der Kontrolle, der Steuerung und der Dokumentation durch Einsatz der RFID-Technik untersuchen zu können, war es wichtig, sich mit dem technisch Machbaren auseinanderzusetzen. Somit wurde eine intensive Recherche bzgl. der Grenzen der RFID-Technik und der speziellen Anforderungen der rauen Bedingungen auf einer Baustelle durchgeführt, ein Überblick über den Stand der RFID-Anwendungen in der Bau- und Immobilienwirtschaft (national und international) erstellt und Übertragungspotenzial untersucht. Auf der Grundlage der festgelegten Definition zur Material- und Personallogistik sowie der verschiedenen Recherchen konnten die Demonstratoren ausgewählt werden. Hierbei ist zu erwähnen, dass innerhalb der RFID-Technik jeder Frequenzbereich sowie aktive und passive Systeme für einen Teil der potenziellen Anwendungen geeignet ist. Daher wird es nicht dazu kommen, dass irgendwann eine einzige RFID-Technik für alle RFID-Anwendungen genutzt werden kann.

Allerdings können auf der Ebene des Informationsflusses technisch unterschiedliche RFID-Systeme (sowie weitere Auto-ID-Systeme) miteinander kombiniert werden, z. B. indem ein einheitliches und standardisiertes (sowie zu in anderen Auto-ID-Bereichen kompatibles) Nummernsystem, wie z. B. der EPC, und das *„Data-on-Network"*-Prinzip verwendet wird. Von GS1/EPCglobal wird derzeit daher neben der Standardisierung der Technik im HF- und UHF-Bereich insbesondere die des Nummernsystems EPC sowie die des Datenaustauschs bzw. der Schnittstellen im Informationsfluss vorangetrieben (vgl. das EPCglobal-Konzept zum *„Internet der Dinge"*).

Entwicklung des Modells *„InWeMo"*

Parallel zu den unterschiedlichen Recherchen entwickelte das LuF B&B das Modell *„InWeMo"*. Das *„InWeMo"* basiert auf den Überlegungen des Netzwerkkonzeptes von EPCglobal. Das EPCglobal-Netzwerk wurde für andere Branchen entwickelt und befindet sich in einem weit fortgeschrittenen Entwicklungsstand. Nach reiflicher Prüfung dieses Netzwerks durch das LuF B&B kam dieses zu der Überzeugung, dass das Netzwerk durchaus Übertragungspotenzial auf die Bauwirtschaft bietet, was auch durch Projekte im Ausland bestätigt wird.

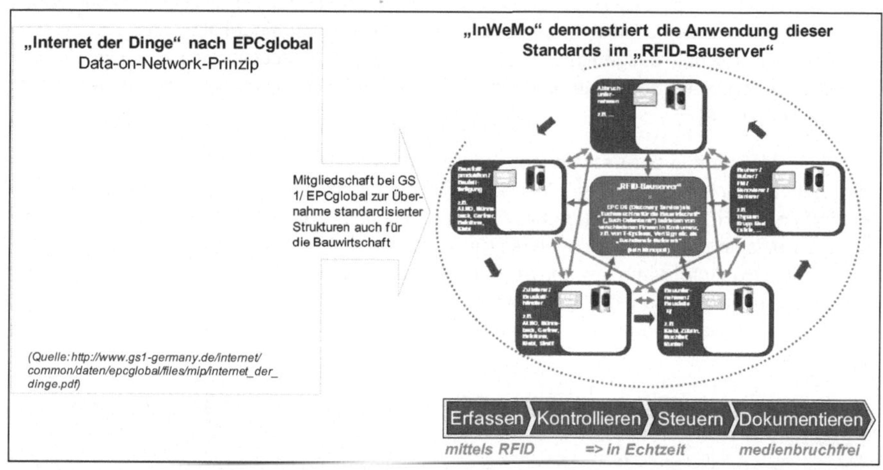

Abb. 3-16::   **Übertragung des *„Internets der Dinge"*/ EPCglobal-Konzepts auf die Bauwirtschaft Applikationen (schematische Darstellung, besser lesbare Darstellung im Forschungsbericht *„RFID in der Baulogsitik"*)**

Im Rahmen des Berichtes[25] wurde das Modell *„InWeMo"* anhand eines Beispiels aus der Bauwirtschaft an der Schnittstelle Zulieferer/Baustelle erläutert, und seine Umsetzung wurde im Rahmen von Praxistests erfolgreich demonstriert.

---

[25] Helmus, Meins-Becker, Laußat, Kelm [Hrsg.] (2009)

Das Ergebnis zeigt, dass das Modell *„InWeMo"* den geforderten Informationsaustausch in Echtzeit zwischen allen am Bau Beteiligten gewährleisten kann. Der Vorteil des Modells ist, dass es nicht nur informationsseitig die RFID-Technik vereinheitlicht, sondern dass sich auf Grund des *„Data-on-Network"*-Prinzips auch andere Auto-ID-Techniken integrieren lassen. Die Voraussetzung ist der Einsatz einheitlicher Standards. Sobald einheitliche Standards eingesetzt werden, können auch verschiedenste Applikationen der am Bau Beteiligten, welche mittels einer Auto-ID-Technik erzeugte/erfasste Daten nutzen, im *„InWeMo"* integriert werden, so u. a. die weiteren Projekte der ARGE RFIDimBau-Partner, selbst wenn für Teilbereiche eine *„Data-on-Tag"*-Datenvorhaltung erfolgt.

Demonstratoren

Um das Modell *„InWeMo"* in der Anwendung, d. h. in Form eines internetbasierten zentralen Informationsaustauschs bzgl. Eigenschafts- und Ereignisdaten zwischen allen am Bau Beteiligten zeigen zu können, wurde ein internetbasierter Kerndemonstrator (Demonstrator Nr. 1) in Form des *„RFID-Bauservers"* i. V. m. verschiedenen Demonstratoren aus der Material- und Personallogistik aufgesetzt. Die Objektein- und -ausgangserfassung (Material und Personal) in Echtzeit entlang der Wertschöpfungskette i. V. m. der Kontrolle, der Steuerung und der Dokumentation durch Einsatz der RFID-Technik wurde durch die Demonstratoren Nr. 2, Nr. 3 und Nr. 4 umgesetzt (vgl. Abb. 3-2).

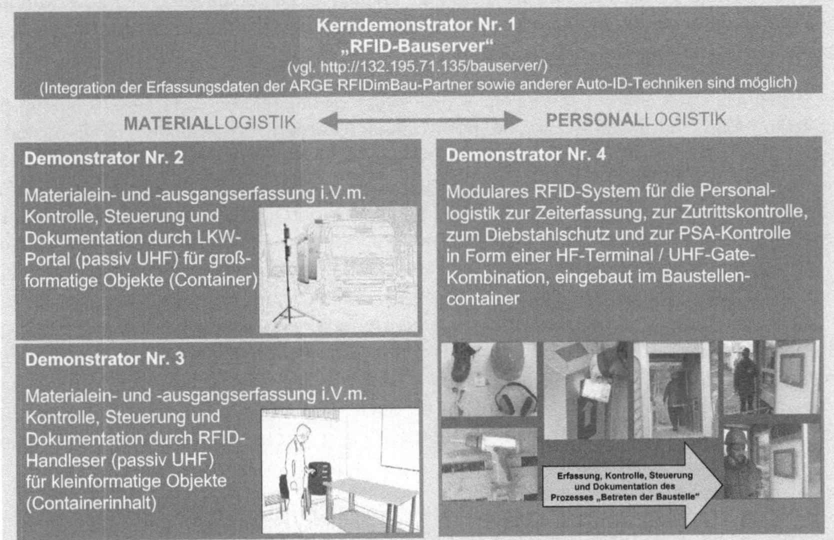

Abb. 3-17::   **Übersicht der im Forschungsprojekt** *„InWeMo"* **ausgewählten und umgesetzten Demonstratoren**

Die Demonstration des *„InWeMo"*, umgesetzt im *„RFID-Bauserver"*, (Demonstrator Nr. 1) erfolgte zunächst mit dem Demonstrator Nr. 2 erfolgreich zwischen einer Baustelle und dem Bauhof der Alho Systembau GmbH. Über den *„RFID-Bauserver"* können die Beteiligten die Informationen bezüglich des Warenein- und -ausgangs der Baustellencontainer erhalten.

Die Ergebnisse aus den Tests mit dem Demonstrator Nr. 2 zeigen, dass eine Materialein- und -ausgangserfassung i. V. m. einer Kontrolle, Steuerung und Dokumentation durch ein LKW-Portal mit der passiven UHF-Technik bei Containern funktioniert. Die Ergebnisse lassen sich, nach Einschätzung des LuF B&B, auf großformatige Objekte übertragen. Eine Aussage bezüglich der Auswahl geeigneter Technik sowie zum Aufbau eines RFID-LKW-Portals ist allerdings nicht pauschal möglich. Es bedarf hier einer Vielzahl an weiteren Untersuchungen, da jedes großformatige Objekt an sich betrachtet werden muss. Dies bedeutet jedoch zugleich, dass ein universelles RFID-Portal unter Nutzung der passiven UHF-Technik für Baustellen, an denen die Ladungen der unterschiedlichsten LKW erfasst werden, nicht realisierbar ist.

Anhand des Demonstrators Nr. 3 konnte gezeigt werden, dass eine Materialein- und -ausgangserfassung i. V. m. einer Kontrolle, Steuerung und Dokumentation durch einen Handleser mit der passiven UHF-Technik bei einer Inventarerfassung im Container funktioniert. Die für den Handleser programmierte Software ermöglicht es, Ereignisdaten im EPC IS für *das „InWeMo"* bzw. den *„RFID-Bauserver"* zur Verfügung zu stellen und die Informationen bezüglich des Warenein- und -ausgangs allen Beteiligten zur Verfügung zu stellen. Die Software erlaubt nicht nur einen Soll/Ist-Abgleich des Warenein- und -ausgangs von Inventar, sondern sie ist auf die Warenein- und -ausgangskontrolle einer Vielzahl von klein- und großformatigen Objekten übertragbar und wurde daher während weiterer Forschungsaktivitäten genutzt, so auch im Projekt *„RFID-Baulogistikleitstand"*. Wichtig ist allerdings auch hier zu erwähnen, dass bei der Kennzeichnung aller zu erfassenden Objekte u. a. untersucht werden muss, an welcher Stelle der Transponder anzuordnen ist.

Die Ergebnisse des Demonstrators Nr. 4 (Personallogistik) zeigen, dass eine Kopplung der Zutrittskontrolle und Zeiterfassung in Form eines externen, bestehenden RFID-basierten Systems der Streif Baulogistik GmbH im LF-Frequenzbereich mit einem UHF-Portal zur Erfassung der persönlichen Schutzausrüstung (PSA-Portal, vgl. Forschungsprojekt *„RFID-Sicherheitstechnik"* des LuF B&B, Ziff. 3.1.4) erfolgreich durchgeführt werden konnte. Da das Platzangebot im Container nicht ausreichend war, konnte eine Vereinzelung jedoch nicht erfolgreich gewährleistet werden. Auch bei extremer Eingrenzung des RFID-Lesefelds wurde tlw. infolge von nicht beherrschbaren Reflexionen zusätzliche PSA erfasst (z. B. von den Personen, die bereits durch das Portal gegangen waren, sich allerdings noch nicht weit genug entfernt hatten). Aus diesem Grund wurde im Rahmen des folgenden Projektes *„RFID-Baulogistikleitstand"* die PSA *„personalisiert"*, so dass die Problematik der Vereinzelung *„umgangen"* werden kann. Zudem wird es so auch möglich, zugleich etwaige seriennummernbezogene Daten in die Prüfung einzubeziehen, z. B. das Alter eines Helms oder die letzte Prüfung einer Absturzsicherung etc.

Eine Anbindung des modularen Konzeptes der Personallogistik an das *„InWeMo"* ist technisch vorstellbar. Aufgrund datenschutzrechtlicher Fragestellungen bezüglich der Weitergabe von personenbezogenen Daten an Dritte bedarf es an dieser Stelle allerdings noch weiterer Forschung, insbesondere auch im Bereich der bereits bestehenden Sicherheitsmechanismen des für den Güterbereich angelegten EPCgobal-Konzeptes.

3.2.6 Weitere Projektideen der einzelnen ARGE RFIDimBau-Partner

Die Vernetzung der in der ARGE RFIDimBau bisher und künftig beforschten Themen und der daraus entstandenen Demonstratoren soll künftig in weiteren Projekten verstärkt werden, wobei verschiedene Bauverbände und die einbezogenen Praxispartner dafür sorgen, dass eine praxistaugliche Branchenlösung entsteht. Hierzu sind Forschungsprojekte konzipiert zu Themen wie *„RFID-Recht im Bau"*, *„RFID-Schnittstellen"*, *„RFID-Datensicherheit"* oder *„RFID-Baucontrolling"*. Der im Projekt *„InWeMo"* konzipierte *„RFID-Bauserver"* bietet i. V. m. den nachfolgend beschriebenen *„Bauprojektdatenserver"* und dem *„Digitalen Erweiterten Bautagebuch"* aus dem Projekt *„RFID-Baulogistikleitstand"* hier eine ideale Ausgangssituation.

Große Bauverbände haben ihr Interesse an den Themen und ihre Unterstützung signalisiert. Auch zahlreiche Praxispartner haben die Unterstützung der Forschung in diesen Themenfeldern zugesagt.

3.3 Anknüpfungspunkte in Forschungsprojekten des *„Interdisziplinären Zentrums 3"* an der BUW

3.3.1 RFID zur Steigerung der Energieeffizienz in Bauprozessen

Im Projekt *„Entwicklung von Energiekonzepten zur Steigerung der Energieeffizienz und Reduzierung des CO_2-Ausstoßes auf Baustellen"*, dass unter der Leitung von Univ.-Prof. Dr.-Ing. Manfred Helmus durch das *„Interdisziplinäre Zentrum 3"* der BUW durchgeführt wird, erfolgt erstmalig eine Untersuchung möglicher Energieeinsparpotenziale auf Baustellen. Eine solche Untersuchung und die hiermit angestrebte Energieeinsparung ist angesichts weltweit steigender Energiepreise und der Notwendigkeit, den klimaschädlichen CO_2-Ausstoß zu minimieren, längst überfällig. Ziel des Projektes ist es, baubranchenspezifische Energiekonzepte und Maßnahmenkataloge zu entwickeln, um nachhaltiges Wirtschaften mit ökonomischem Handeln zu verknüpfen. Vor allem kleine und mittelständische Bauunternehmen sollen von den Projektergebnissen profitieren können. Das Projekt mit einer Laufzeit vom 01.01.2009 bis 31.12.2010 wird von zahlreichen Praxispartnern unterstützt und von der *„Deutsche Bundesstiftung Umwelt"* gefördert.

Abb. 3-18:: Das Projekt *„Energieeffizienz auf Baustellen"* des IZ3

Der wesentliche Verbindungspunkt der Projekte ist der, dass eine - ggf. durch RFID-Einsatz - verbesserte Baulogistik nach Einschätzung der Verfasser maßgeblich zu einer Verringerung des Energieeinsatzes in Bauvorhaben beiträgt.

Aber auch ein infolge des Einsatzes von kontrollierenden und dokumentierenden RFID-Systemen bewussterer Umgang mit Baugeräten oder eine verbesserte Abrechnung des

Energieverbrauchs auf Baustellen trägt zur Energieeffizienz bei, um nur zwei weitere Aspekte zu nennen. In dem unter nachfolgender Ziff. 5.7 beschriebenen *„Digitalen Erweiterten Bautagebuch"* (DEBt) des Projektes *„RFID-Baulogistikleitstand"* ist z. B. die Rubrik für die Energieverbrauchsdokumentation aufgenommen.

3.3.2 RFID-Demonstration im Wettbewerbsbeitrag der BUW zum „Solar Decathlon 2010"

Der Wettbewerb *„Solar Decathlon 2010"* ist ein vom spanischen Wohnungsbauministerium ausgelobter Wettbewerb, an dem 20 Universitäten aus aller Welt teilnehmen. Mit der BUW wurden für den internationalen Wettbewerb Hochschulen aus Großbritannien, Spanien, Finnland, Frankreich, den USA, Brasilien, Mexiko, China und Israel ausgewählt. Zentrales Thema dieses Wettbewerbs ist die Verbreitung von Wissen über die Thematik der Nachhaltigkeit und vor allem des Knowhows zu erneuerbaren Energiequellen. Die Wettbewerbsaufgabe besteht darin, dass ein Studierendenteam bis Juni 2010 ein 75 m² großes, transportables und zu 100 % solar versorgtes Haus entwickeln und bauen muss. Das Haus wird dann in Madrid unter Wettbewerbsbedingungen auf zehn Disziplinen (decathlon) von einer Fachjury bewertet.

Das Wuppertaler Team besteht aus Studenten der Studiengänge Architektur, Bauingenieurwesen und Industrial Design. Bereits seit Oktober 2008 entwickeln 30 Architekturstudenten erste konzeptionelle Vorschläge auf architektonischer und energetischer Ebene. Im Mittelpunkt stehen dabei u. a. die Entwicklung intelligenter, zukunftsweisender Raumkonzepte, die Erforschung von leicht zu transportierenden, modularen Elementen und die konzeptabhängige Integration der Solarmodule bzw. der Haustechnik. Weiterer Themenschwerpunkt ist die Auswahl geeigneter Materialien als Grundlage des gestalterischen Ausdrucks und der technischen Umsetzbarkeit. Auch an logistischen und ökonomischen Fragestellungen arbeiten die Studierenden bereits, erstellen Finanzierungskonzepte und Projektablaufpläne.

Das Gebäude wurde zur Demonstration innovativer Technologien, u. a. zur verbesserten Logistik, aber auch zu neuen digitalen Möglichkeiten der Informationsbereitstellung und -verarbeitung im modernen Bauwerk, tlw. mit RFID-Transpondern ausgestattet. Hierzu wurde das Team von den Verfassern i. V. m. Mitarbeitern des IZ3 unterstützt, in der Hoffnung dass die RFID-Technik und ihre Potenziale auch auf diesem Weg stärker in der Fachöffentlichkeit und international wahrgenommen werden.

Abb. 3-19:   Entwurf für den Beitrag der BUW zum Wettbewerb „*Solar Decathlon 2010*"[26]

3.4 Abstimmung mit weiteren themenverwandten Forschungsprojekten

Da der Auto-ID-Einsatz und eine Verbesserung der IT-Strukturen in der Baubranche einerseits als maßgeblich für eine Steigerung der inländischen Wertschöpfungseffizienz anzusehen ist, andererseits aus ihr aber auch die internationale Wettbewerbsfähigkeit deutscher Unternehmen resultiert, beschäftigen sich auch außerhalb der BUW und der ARGE RFIDim-Bau zahlreiche Forscher mit diesen Themen.

Die Verfasser bemühen sich an dieser Stelle um einen regen Informationsaustausch und versuchen, ihre eigenen Ergebnisse möglichst zeitnah und transparent auch nach außen zu kommunizieren. Dies wurde bereits im Bericht zum Projekt „*InWeMo*" dargestellt, auf den hiermit verwiesen wird. Daher soll an dieser Stelle nur kurz auf den Austausch mit einem Projekt hingewiesen werden.

Wegen einer starken Überschneidung einiger Inhalte im Bereich des RFID-Einsatzes in der Baulogistik mit dem Projekt „*ForBAU*" fand insbesondere mit dem LuF „*Fördertechnik Materialfluss Logistik*" (fml) der TU München ein Austausch statt, der auch in entsprechenden Pressemitteilungen nach außen kommuniziert wurde.

Inzwischen liegen nach dem Zwischenbericht 2008 auch einige weitere Veröffentlichungen zu RFID-Demonstratoren aus dem Projekt „*ForBAU*" vor, die an dieser Stelle jedoch nicht vertieft dargestellt werden können. Daher ist hier auf die Internetseite des Projektes www.forbau.de zu verweisen.

Abb. 3-20:   Das Projekt „ForBAU – Virtuelle Baustelle – Digitale Werkzeuge für die Bauplanung und -abwicklung"[27]

---

[26] idw [Hrsg.] (2010)
[27] forbau [Hrsg.] (2008)

4 Workshops, Prozessanalysen und Untersuchungen zur Eignung von Auto-ID-Systemen

4.1 Vorgehen zur Analyse des Ist-Zustandes

Die Analyse des Ist-Zustandes bildet im Rahmen des Projektes *„RFID-Baulogistikleitstand"* zusammen mit dem im Laufe vorgelagerter Forschungsprojekte, aber auch mit dem parallel erarbeiteten Hintergrundwissen zu Prozessen im Bauwesen sowie zum Potenzial von RFID- aber auch weiteren Auto-ID-Techniken, die Basis, sinnvolle Anwendungsszenarien für den Einsatz dieser Techniken zu entwickeln.

Dabei hat sich herausgestellt, dass es sinnvoll ist, zu unterscheiden zwischen

- Szenarien, die kurz- bis mittelfristig umzusetzen sind, an denen daher insbesondere die Baupraxis Interesse haben sollte, und

- Szenarien, die eher perspektivisch ausgerichtet sind, also eher langfristig umsetzbare Visionen betreffen, an denen daher insbesondere die Forschung ein Interesse hat.

Ein gemeinsames Interesse von Forschung, Praxis und Politik sollte u. a. darin bestehen, unrealistische (da z. B. physikalisch unmögliche) Visionen zum Einsatz von Auto-ID-Techniken *„auszusortieren"*, z. B. um Fehlinvestitionen in entsprechende Entwicklungen zu vermeiden, und gleichzeitig deutlich zu machen, dass die RFID-Technik zur Unterstützung einer Vielzahl von Prozessen bereits ausgereift und standardisiert genug ist, so dass Unternehmen sofort auch mit konkreten Untersuchungen über Einsatzmöglichkeiten beginnen können.

Nachfolgende Abbildung (Abb. 4-1) verdeutlicht nochmals diese Interessensunterschiede.

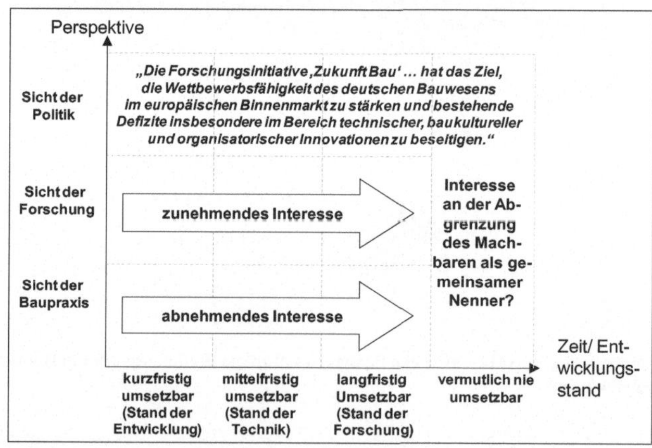

Abb. 4-1:   Unterschiedliche Interessenslagen bzgl. der zeitlichen Nähe der Umsetzbarkeit von Visionen und Ideen

Hieraus entstand ein abgestuftes Vorgehen bei der Bearbeitung von RFID-Projekten durch das LuF B&B, bei dem ausgehend von Visionen und Ideen zunächst untersucht wird, ob und ggf. nach welchen weiteren Entwicklungen diese technisch umsetzbar sind, um anschließend zu bewerten, ob bzw. unter welchen Umständen die Umsetzung auch wirtschaftlich sinnvoll erscheint.

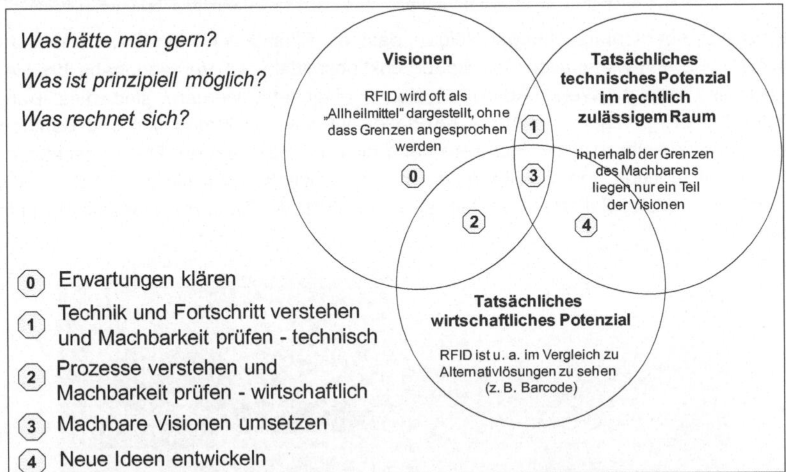

Abb. 4-2:   **Mögliche Schritte bei der Bearbeitung von Auto-ID-bezogenen Visionen**

Dieses Vorgehen wurde auch im Rahmen der Workshops, Prozessanalysen und Untersuchungen zur Eignung von Auto-ID-Systemen gewählt, deren Ergebnisse in diesem Kapitel stark verkürzt zusammengefasst sind.

4.2 Fokussieren eines Kernuntersuchungsbereichs

Die Workshops, Prozessanalysen und Untersuchungen zur Eignung von Auto-ID-Techniken wurden gegliedert entlang der Wertschöpfungskette durchgeführt, wobei die Wertschöpfungsstufen der Hersteller, Zulieferer und auf Baustellen, genauer betrachtet wurde.

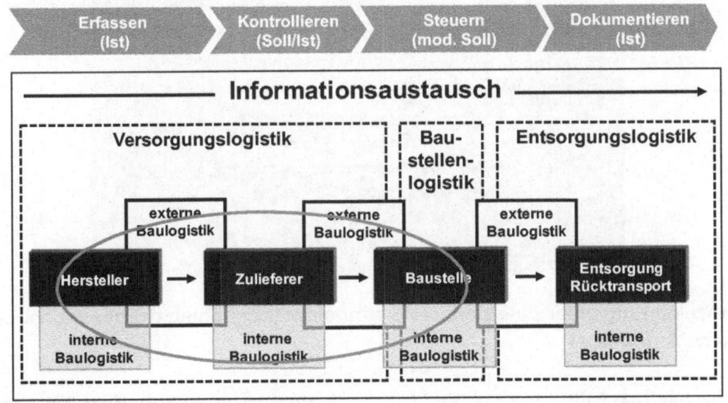

Abb. 4-3:   **Kernuntersuchungsbereich entlang der Wertschöpfungskette Bau**

Im folgenden Abschnitt werden die Ergebnisse der Analyse des Ist-Zustands kurz aufgeführt.

4.3 Einzelergebnisse der Analyse des Ist-Zustands

<u>Bisheriger Umgang mit Auto-ID-Techniken i. V. m. der Kennzeichnung von Materialien</u>

Die Ergebnisse der Untersuchungen zeigen, dass ein Einsatz von Auto-ID-Techniken für die Kennzeichnung von Materialien und Bauproduktionsmitteln auf Versandebene bei Herstellern teilweise erfolgt. Wenn Auto-ID-Systeme eingesetzt werden, sind dies Barcode-Systeme. Eine Ergänzung von Auto-ID-Kennzeichnungen für Materialien und Bauproduktionsmitteln bei Zulieferern bzw. Händlern kann nicht erkannt werden. Die eingesetzten Barcode-Systeme reichen von 1D-Barcodes auf Papieretiketten bis hin zu 2D-Barcodes auf Kunststoff- und Metallplaketten, die teilweise geschützt an Bauproduktionsmitteln befestigt werden.

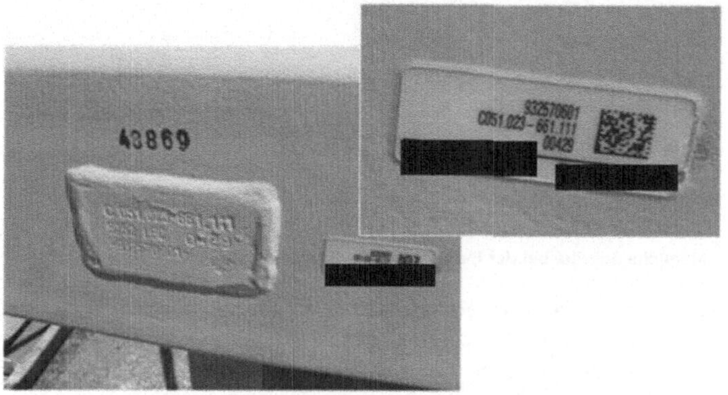

Abb. 4-4:   **Kennzeichnung eines Turmdrehkranelements u. a. mit 2D-Barcode, der hinter transparentem Kunststoff geschützt eingebettet ist (eigene Aufnahme)**

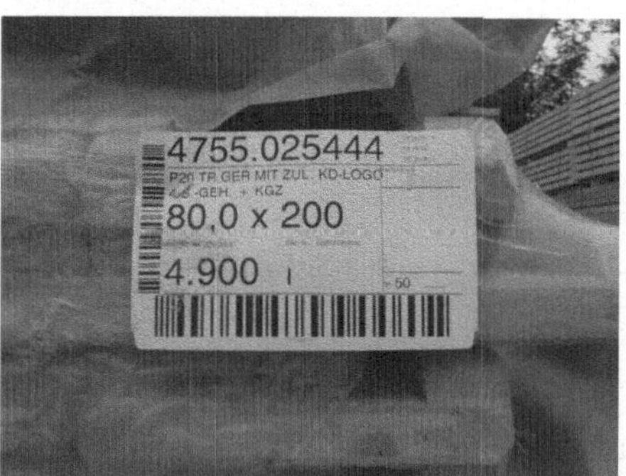

Abb. 4-5:   **Kennzeichnung einer palettierten Versandeinheit Schalungsträger mit Barcode auf Etikett (eigene Aufnahme)**

Weiterhin wurde festgestellt, dass alle Unternehmen sich durch den Einsatz von Auto-ID-Techniken eine (Teil-)Automatisierung und Unterstützung der internen baulogistischen Prozesse erhoffen. Auch eine Optimierung der externen Prozesse, d. h. ein Auto-ID-basierter Datenaustausch über die Unternehmensgrenze hinweg, wird als wünschenswert angesehen. Problematisch wird allerdings die hiermit im Zusammenhang stehende Transparenz immer dann gesehen, wenn mehr Daten als bisher üblich den Geschäftspartnern zugänglich werden würden.

Ein Einsatz von Auto-ID-Techniken auf Baustellen kann nur im Bereich der Dokumentenverwaltung beobachtet werden. Hier werden z. B. Lieferscheine und Rechnungen tlw. mit Barcode-Etiketten versehen.

<u>Bisheriger Umgang mit Auto-ID-Techniken i. V. m. Mitarbeiterausweisen</u>

Der Einsatz von Auto-ID beinhaltenden Mitarbeiter- oder Baustellenausweisen kann in Unternehmen der Baubranche nur vereinzelt festgestellt werden. Bei diesen Systemen werden klassische Techniken für Mitarbeiterausweise genutzt. Die vorgefundenen Systeme weisen alle einige Schwachstellen auf, so dass Bedarf für neue Entwicklungen gesehen wird.

<u>Bisherige Kennzeichnung von Material, Bauproduktionsmitteln, Mehrwegtransportbehältern auf verschiedenen Ebenen</u>

Die Ergebnisse zeigen, dass einige Objekte durch jedes Unternehmen entlang der Wertschöpfungskette mit internen Kennzeichnungssystemen ergänzend gekennzeichnet werden. Verknüpfungen der innerhalb der Wertschöpfungskette vorgelagerten Kennzeichnungen mit den unternehmensinternen Kennzeichnungen werden nur selten vorgenommen (z. B. Verknüpfung der Herstellerartikelnummer oder gar der Hersteller-Seriennummer mit der Inventarisierungsnummer).

So werden einem Produkt bzw. einer Versandeinheit während des jeweiligen Lebenszyklus eine Vielzahl von Markierungen und Kennzeichnungen bzw. unterschiedlichste Arten von Hinweiszetteln hinzugefügt, die i. d. R. jedoch nur zur unternehmensinternen Kennzeichnung dienen. Hierbei werden einerseits dauerhafte Kennzeichnungen (geprägte Etiketten, Gravuren etc.), die ggf. nur selten genutzt werden, und andererseits kurzfristige Kennzeichnungen (Farbmarkierung, Stift oder Aufkleber mit Firmenaufdruck, Hinweiszettel) eingesetzt.

Mehrwegtransportbehälter werden i. d. R. durch den Hersteller gekennzeichnet und werden offenbar i. d. R. nicht in die Bestandsführung beim Zulieferer mit aufgenommen. Folglich gehen z. B. Gestelle für Glasscheiben und / oder Stahlbeton-Fertigteilträger auf Baustellen häufig verloren. Die Existenz von Pfandsystemen und hieraus ggf. resultierenden Kennzeichungssystemen kann nur sehr vereinzelt festgestellt werden.

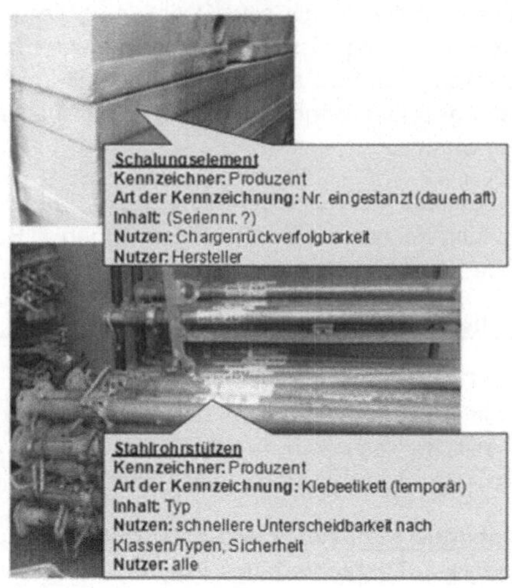

Abb. 4-6:   **Beispiel zur Kennzeichnung auf Produktebene (eigene Aufnahme)**

Abb. 4-7:   **Beispiel zur Kennzeichnung der Transporteinheiten (eigene Aufnahme)**

Stapel Schalungstafeln
Kennzeichner: Eigentümer/Zulieferer:
Art der Kennzeichnung: Klarschrift auf farbigem Plastiketikett (kurzfristig)
Inhalt: Rücklieferung, noch nicht gereinigt und kontrolliert, Angabe der rückliefernden Baustelle
Nutzen: schnellere Zuordnung des Zustands des Materials
Nutzer: Eigentümer

Abb. 4-8:   Beispiel zur Kennzeichnung einer Rücklieferung beim Zulieferer (eigene Aufnahme)

Bisherige Identifizierungsnummern und Ausweissysteme für Mitarbeiter

Die Untersuchungen zeigen, dass im Bauwesen dieselben Nummernsysteme zur Personalverwaltung wie auch in anderen Branchen genutzt werden. Denn wie jeder Mensch besitzt auch der auf Baustellen Tätige die herkömmlichen Ausweispapiere, wie einen Personalausweis, einen Reisepass, ggf. Aufenthaltstitel und Arbeitserlaubnis, einen Sozialversicherungsausweis (SV-Ausweis), eine Krankenversicherungskarte, eine Steueridentifikationsnummer und ggf. Führerscheine etc. Bausektor-bezogen erhält er zudem von der SOKA-BAU, bei der ihn sein Arbeitgeber melden muss, eine eindeutige Arbeitnehmernummer.

Im Bereich der Personenidentifikation setzen die deutschen Kontrollbehörden, anders als tlw. im (europäischen) Ausland, in dem Baustellenausweise z. T. bereits Pflicht sind, weiterhin auf die branchenunspezifischen Ausweispapiere. Damit dies möglich ist, bestand bis Ende 2008 auf deutschen Baustellen Mitführungspflicht für den SV-Ausweis. Seit 2009 ist gem. § 2a Schwarzarbeitsbekämpfungsgesetz der Personalausweis, der Reisepass oder ein Pass- bzw. Ausweisersatzdokument mitzuführen. Je nach Herkunft und Arbeitsverhältnis sind ggf. weitere Dokumente vom AN mitzuführen bzw. vom AG vorzuhalten, tlw. auch auf der Baustelle.

Festzustellen ist, dass auch ohne gesetzliche Vorgaben unternehmens- und baustellenbezogene Ausweissysteme für die Zutrittskontrolle und Zeiterfassung inzwischen auch in die deutsche Bauwirtschaft Einzug erhalten haben. Das Betreiben baustellenbezogener Systeme wird bereits von mehreren Unternehmen als Dienstleistung angeboten. Anders als in gesetzlich geregelten Baustellenausweisen bzgl. der Mindestangaben (z. B. Italien, Österreich), liegt die Gestaltung der Ausweise bzgl. der enthaltenen Informationen dabei im Ermessen des Ausstellers. Die verschiedenen Anbieter setzen unterschiedliche Auto-ID-Techniken ein. Die Ausweise wären daher selbst dann nicht baustellenübergreifend einsetzbar, wenn auf den Baustellenbezug bei der Ausstellung verzichtet und stattdessen unternehmens- oder personenbezogene Ausweise eingesetzt würden.

Einige Leistungen für den Bereich Baustellenbewachung und Zutrittskontrolle sind seit Ende 2007 im Standardleistungsbuch für das Bauwesen, Leistungsbereich *„090 Baulogistik"*, enthalten. Das Planen und Ausschreiben entsprechender Sicherheitskonzepte für Baustellen wird als Besondere Leistung in das derzeit in einem Arbeitskreis des AHO e. V. in Entwicklung befindliche *„Leistungsbild Baulogistik"* einfließen.

Ausweissysteme, die zum Qualifikationsnachweis genutzt werden (z. B. für Sicherheitsschulungen, Führerscheine) sind in Deutschland nicht vorhanden (erste Ausnahme bildet hier die *„Checkkarte für Turmdrehkranführer"*). In anderen Staaten existieren hierfür geregelte Systeme, so unter der Bezeichnung *„Safe Pass"* in Irland, das *„CSCS"* in England oder die *„White Card"* in Australien etc.

Klar und – soweit möglich – politisch unabhängig wurde das Für und Wider einer Baustellenausweispflicht für Deutschland nach Recherchen der Verfasser bisher nicht dargestellt, auch wenn etwaige Vorteile beim Einführen einer Baustellenausweispflicht in den letzten Jahr(zehnt)en immer wieder von verschiedensten Gremien angesprochen wurden; zuletzt scheiterte die Einführung jedoch offenbar stets an politischen Hürden. Ob und ggf. wie z. B. der elektronische Personalausweis, der RFID-Technik und optional qualifizierte elektronische Signaturen und biometrische Daten enthalten wird, in die Prozesse der Bauwirtschaft eingebunden werden können, kann heute noch nicht festgestellt, sollte jedoch untersucht werden.

So bleibt festzuhalten, dass in den stark personenbezogenen Prozessen im Baugeschehen noch hohes Potenzial zur Standardisierung bzw. Harmonisierung und hiermit verbunden zur Effizienz- und Effektivitätssteigerung vorhanden ist. Über die Details der Workflows in Bauprozessen ist – wissenschaftlich betrachtet – wenig bekannt. Personen- oder kolonnenbezogene, für die Taktplanung geeignete, Aufwandswerte liegen kaum vor. Auch die Rolle der Personen bzw. Kolonnen als logistische Knoten in den Materialflusssystemen der Baulogistik wurde bisher wenig untersucht. Neben dem Bedarf für die Entwicklung von Instrumenten zur Verbesserung der personenbezogenen Prozesse ist hier auch Bedarf für Grundlagenforschung zu erkennen.

Die besondere Herausforderung bei der Entwicklung neuer Instrumente zur Verbesserung der personenbezogenen Prozesse in der Bauwirtschaft liegt darin, dass sich die Baustellenbelegschaft i. d. R. aus Mitarbeitern verschiedenster Unternehmen und Nationalitäten zusammensetzt und sich von Bauprojekt zu Bauprojekt verändert. Anders als in anderen Branchen gilt es im Bauwesen, die unternehmensübergreifend wirkenden Instrumente zur Prozessharmonisierung, Kontrolle und Dokumentation so zu gestalten, dass diese auch bei wechselnden Wertschöpfungspartnern weiter genutzt werden können. Dabei kann in einer Standardisierung der Medien, die in den für die Dauer eines Bauprojektes temporär aufgebauten IT-Infrastrukturen genutzt werden, ein Schlüssel zur Erhöhung der Flexibilität und Prozesssicherheit liegen (z. B. Baustellenausweise oder PSA-Kennzeichnungen).

Eine weitere Herausforderung liegt darin, die verschiedenen Stakeholder, wie z. B. Verbände (z. B. HVB, ZDB, SOKA-BAU, BG Bau, IG BAU, Ausbildungseinrichtungen etc.), von einem gemeinsamen Konzept zu überzeugen und hierbei auch die Auswirkungen auf weitere staatliche Institutionen treffend zu berücksichtigen (Stichworte Sozialversicherung, Steuersystem, Zoll/ Finanzkontrolle Schwarzarbeit, Arbeitsagentur etc.). Zudem müssten auch Einzelinteressen einbezogen werden, so der Wunsch des AN nach Schutz vor Lohndumping oder der des AG nach legalen Beschäftigungsverhältnissen (Stichwort GU-Haftung).

Bauhof: Bisherige Kennzeichnung von Lagerplätzen => Lagerplatzmanagement

Auf den Bauhöfen kann festgestellt werden, dass Lagerplätze bereits häufig mit Nummern- und/oder sprechender Kennzeichnung versehen sind. Der Einsatz von Auto-ID-Techniken zur Kennzeichnung von Lagerplätzen kann nicht festgestellt werden, wenngleich auch bei einigen Unternehmen sich entsprechende Systeme im Aufbau befinden. Die Mehrheit der befragten Unternehmen führt ein internes Lagerplatzmanagement.

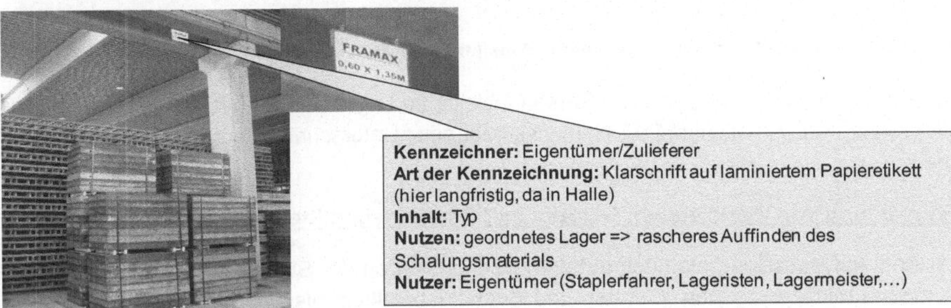

Abb. 4-9:   **Beispiel zur Kennzeichnung von Lagerplätzen auf einem Bauhof (eigene Aufnahme)**

Bauhof: Informations- und Belegfluss

Die Ergebnisse der Untersuchungen zeigen, dass die Bestandsaufnahmen, wie z. B. die Durchführung der Inventur, manuell und zugeordnet nach Lagerorten durchgeführt werden. Häufig werden Handzettel genutzt und die Informationen werden manuell in unterschiedliche Bestandsverwaltungssysteme übertragen. Im Anschluss werden die Daten aus den verschiedenen Bestandsverwaltungssystemen in ein zentrales ERP-System übertragen und zusammengefügt. Die Folge sind Zeitverzögerungen bzw. Übertragungsfehler und somit keine zeitnahen Bestandsaufnahmen. Teilweise werden hier noch Kalkulations-Tabellen als weiterer Zwischenschritt genutzt.

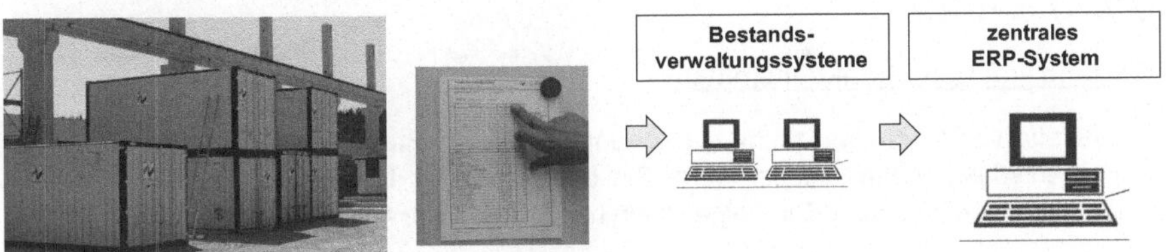

Abb. 4-10:   **Beispiel zum Beleg- und Informationsfluss beim Zulieferer (eigene Aufnahme)**

Auch bei der Betriebsdatenerfassung (BDE) werden häufig Handzettel genutzt und die Informationen später manuell, d. h. durch Abschreiben, in unterschiedliche BDE- und/oder Lohnabrechnungs-Systeme übertragen. Aus den verschiedenen Systemen werden die Daten im Anschluss in ein zentrales ERP-System übertragen und zusammengefügt.

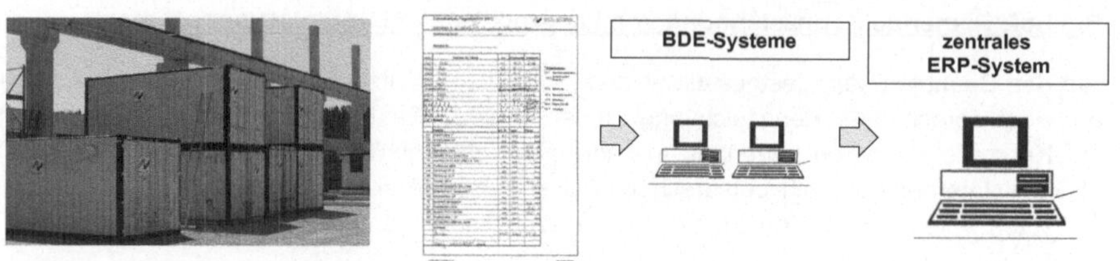

Abb. 4-11:   Beispiel zum Beleg- und Informationsfluss beim Zulieferer (eigene Aufnahme)

Sofern dokumentiert wird, welche Person Objekte im Lager bewegt hat, erfolgt dies über die Zuordnung der Arbeitsaufträge, Namenskürzel oder Unterschriften auf den genutzten Belegen.

Verwaltung von Werkzeugen, Geräten und Baubetriebsmitteln

Sowohl auf Baustellen als auch auf dem Bauhof werden der Schwund und der unsorgsame Umgang mit Werkzeugen, Geräten und Baubetriebsmitteln als Problem geschildert. In den wenigsten Fällen wird die Werkzeugausgabe an Mitarbeiter so dokumentiert, dass bei Defekten oder Schwund die Verantwortung einer bestimmten Person zugeordnet werden kann – dies wird i. d. R. auch dadurch erschwert, dass sich Kollegen auf der Baustelle Werkzeuge teilen.

Ab einem bestimmten Wert tragen Werkzeuge Seriennummern des Herstellers und / oder werden von Unternehmen inventarisiert, wobei sie eine Inventarisierungsnummer erhalten. In einigen Unternehmen werden vorhandene Baubetriebsmittel katalogisiert und erhalten zudem typbezogene Klassifizierungs- bzw. Katalogisierungsnummern.

Der Wunsch nach einfachen Systemen für die schnelle Registrierung von Werkzeugausgaben und -rücknahmen für die Bestandsführung im Unternehmen wird vielfach geäußert. Gleichzeitig werden eine Verringerung des Schwunds und ein sorgsamerer Umgang mit den Objekten gewünscht.

Wartung von Bauproduktionsmitteln

Die Ablage von Wartungsdokumentationsunterlagen von Bauproduktionsmitteln erfolgt derzeit in entsprechenden Aktenordnern. Ein automatisierter Hinweis auf ausstehende Wartungsarbeiten erfolgt nicht. Die Folge ist ein hoher manueller Nachhaltungsaufwand.

Abb. 4-12: Beispiel zur Kennzeichnung von Bauproduktionsmitteln mit Wartungsdaten, Inventarnummer und Herstellerangaben (eigene Aufnahme)

Sofern dokumentiert wird, welche Person an Wartungsarbeiten oder Reparaturen beteiligt ist, erfolgt dies über die Zuordnung der Arbeitsaufträge, Namenskürzel oder Unterschriften auf den genutzten Belegen.

Bauhof: Vorkommissionieren / Kommissionieren / Laden / Warenausgangskontrollen / Rücklieferung / Wareneingangskontrollen

Kommissionierlisten werden häufig mittels Stücklistenformularen handschriftlich erstellt. Im Anschluss werden Kontrollen bei der Auslieferung durchgeführt:

- Der Kommissionierer kontrolliert mittels Kommissionierliste

- Der Verlader kontrolliert mittels Verladeliste beim Beladen der LKW

- Der Fahrer oder Disponent kontrolliert mittels Lieferschein

- Dokumentation der Endkontrolle häufig zusätzlich zur Beweissicherung per Fotoaufnahme

Die Kontrolle der Qualität und Quantität bei der Rücklieferung wird häufig per Fotoaufnahme durchgeführt. Rücklieferscheine werden häufig in Form von Vordrucken an die Baustellen verteilt, werden allerdings nur lückenhaft oder gar nicht ausgefüllt. Die Folge ist hoher Zeitaufwand bzw. Übertragungsfehler.

Abb. 4-13: **Beispiel zur Kontrolle des Kommissionierers mittels Kommissionierliste (Stücklistenformular)**

Sofern dokumentiert wird, welche Person für die Verladung zuständig ist, erfolgt dies über die Zuordnung der Arbeitsaufträge, Namenskürzel oder Unterschriften auf den genutzten Belegen.

Baustelle: Wareneingangskontrolle

Die Wareneingangskontrolle auf der Baustelle erfolgt häufig sehr oberflächlich, da die die Ware auf der Baustelle entgegennehmende Person oft nicht die dafür berechtigte Person ist und oft auch nur eine augenscheinliche quantitative und/oder qualitative Kontrolle durchgeführt wird. Die qualitative Kontrolle der Ware wird dann häufig erst beim Einbau ins Bauwerk durchgeführt. Wenn im Rahmen der Kontrolle Lieferscheine manuell „abgehakt" und unterschrieben werden erfolgt dies häufig nur unter Vorbehalt.

Der Fahrer nimmt den unterschriebenen Lieferschein mit und der Durchschlag wird an verantwortliche Personen weitergeleitet und von diesen, nach etwaiger Nutzung für die Rechnungslegung, in entsprechenden Ordnern abgelegt.

Das Material wird auf Baustellen, wenn ein Ansprechpartner nicht verfügbar ist, häufig einfach an beliebigen Orten ohne Durchführung einer Wareneingangskontrolle abgelegt. Die Folge sind nicht unterschriebene Lieferscheine, Suchen der Ware bzw. keine Hinweise bzgl. der Existenz der Ware auf der Baustelle etc.

Bautagebücher / Berichtswesen auf der Baustelle

Das Führen von Bautagebüchern wird i. d. R. manuell von einer Person auf der Baustelle per Ausfüllen von Formularen und/oder am Bildschirm mit Zeitverzug durchgeführt. Die Folge ist ein hoher Zeitaufwand und fehlerhafte bzw. unvollständige Eintragungen. Elektronische Bautagebücher werden nur wenig eingesetzt.

Bestellwesen

Der Abruf der Bestellung oder von Rücktransporten der Baustelle beim Lieferanten erfolgt i. d. R. vom Bauleiter / Polier per Fax / Telefon. Ggf. ist hier auf Seiten des Bestellers ein

Einkäufer, der z. B. in der Firmenzentrale sitzt, zwischengeschaltet, der dem Polier / Bauleiter als Ansprechpartner dient.

Die Festlegung von möglichen Anlieferzeiten, Be- und Entladezonen, Verfügbarkeit von Kranen auf Großbaustellen erfolgt mittels Bauablaufplänen und tlw. in Abstimmung mit den zentralen Pförtnern bzw. Baulogistikern.

Die Aussage bzgl. der Festlegung und Einhaltung von vorgegebenen Zeitfenstern bei der Ankunft von Fahrzeugen auf der Baustelle ist zweigeteilt: Nach Aussage der Lieferanten müssen vorgegebenen Zeitfenster von den Lieferanten eingehalten werden. Nach Aussage der Besteller / Baustelle werden vorgegebene Zeitfenster von den Lieferanten i. d. R. nicht eingehalten. Vorab festgelegte Vertragsstrafen wurden bisher nur selten gezogen.

Insgesamt ist festzustellen, dass Abrufe trotz anderslautender Vertragsbedingungen oft zu kurzfristig erfolgen, dass dennoch die Lieferanten versuchen, dem Wunsch der Kunden nachzukommen und hiermit verbundene Logistikmehrkosten etc. nicht in Rechnung gestellt werden. In diesem Zusammenhang kommt im Gespräch mit Praktikern *„zwischen den Zeilen"* ein gewisser Stolz zum Ausdruck bzgl. der Fähigkeit, kurzfristig improvisieren zu können und hiermit Probleme zu lösen. Ein Bewusstsein darüber, dass Improvisation auf einer Baustelle durch sorgfältige Arbeitsvorbereitung und Logistikplanung weitestgehend vermieden werden könnte und damit (vermutlich) die Effizienz erhöht würde, ist auf Baustellen kaum vorzufinden. Die Folge ist ein hoher logistischer Aufwand und Zeitaufwand bei der Festlegung von Anlieferterminen der Zulieferer.

Einfriedung von Baustellen inkl. Zutritts- und Zufahrtskontrollen sowie Zeiterfassung

Nach Einschätzung der Verfasser kann bei Hoch- und innerstädtischen Baustellen davon ausgegangen werden, dass eine Einfriedung möglich und u. a. auch aus Sicherheitsgründen vorhanden ist. Diese lückenlos zu halten liegt in der Verantwortung des leitenden Personals auf der Baustelle, das entsprechend sensibilisiert sein muss.

Der Einsatz und die Akzeptanz von Zutrittskontrollen inkl. Baustellenausweisen (RFID-Technik (LF-Technik) war zu erkennen. Die Folge der Erstellung von Baustellenausweisen ist allerdings in den vorhandenen Systemen ein hoher Zeit- und Personalaufwand, da die Ausweise baustellenindividuell erstellt werden und der Pförtner bei jedem Zutritt das Foto auf dem Ausweis bzw. auf seinem Bildschirm mit der Person visuell abgleichen muss, um unberechtigtes Weitergeben von Ausweisen ausschießen zu können.

Der Einsatz von Auto-ID-unterstützten Zufahrtskontrollen kann bisher auf Baustellen nicht erkannt werden. Hier werden allenfalls Kontrollen durch den Pförtner festgestellt, tlw. mit, tlw. ohne Dokumentation. Auf einer Baustelle erhielt jeder Fahrer zum Beispiel vom Pförtner eine vorübergehende Durchfahrtsberechtigung in Form einer Zufahrtskarte. Hierzu musste er sein Fahrzeug abstellen, dieses verlassen, zum Pförtner gehen, sich registrieren lassen, um letztendlich, bevor ihm die Schranke manuell per Fernbedienung geöffnet wurde, die nummerierte Zufahrtskarte zu erhalten. Diese musste er vor Verlassen der Baustelle wieder beim Pförtner abgeben, bevor dieser ihm wieder manuell die Schranke öffnete. Die Folge war ein erhöhter Zeit- und Personalaufwand.

4.4 Handlungsbedarf

Als wesentliches Problemfeld konnte identifiziert werden, dass ein in den EDV-Systemen abgebildeter, durchgängiger und zeitnaher Informations- und Belegfluss sowohl intern als auch extern bei den untersuchten Unternehmen nicht existiert. Stattdessen erfolgte häufig eine papiergebundene Weitergabe von Informationen auf nicht dauerhaften Informationsträgern. Die Folge daraus ist z. B. eine zeitlich verzögerte Übertragung der *„Zettelwirtschaft"* in die EDV-Systeme.

Aber auch das Anstoßen der Workflows erfolgt i. d. R. *„nach Erfahrungswerten"*. Es existieren zudem nahezu keine Schnittstellen, um einen unternehmensübergreifenden Informationsaustausch gewährleisten zu können.

Abb. 4-14:   **Beispiel für *„Zettelwirtschaft"* (eigene Aufnahme)**

Zudem wurden standardisierte Systeme für die Kennzeichnung von Objekten (Personen, Materialien, Baubetriebsmittel etc.) nicht vorgefunden, so dass eine Basis für die gemeinsame Nutzung von Kennzeichnungsträgern nur dann gegeben ist, wenn Informationen in Klartext mitgegeben werden; in diesem Fall ist jedoch ein Einsatz von Auto-ID-Techniken kaum möglich.

Hieraus resultieren vergleichsweise große Grauzonen, die offenbar für Unternehmen so große Verhaltensfreiräume bieten, dass sie, offenbar infolge von Angst um das Bestehen im Wettbewerb, diese nicht aufgegeben möchten. Gekoppelt ist die Abneigung gegen allzu große Transparenz mit dem o. g. *„Stolz"* auf die behauptete Unplanbarkeit des Baugeschehens i. V. m. der eigenen überdurchschnittlichen Improvisations- und Problemlösungsfähigkeit.

Geschäftsmodelle, die nur infolge von intransparenten Prozessen funktionieren können, sind nach Einschätzung der Verfasser jedoch nicht mit einer effizienten Baulogistik und damit mit effizienten Bauausführungsprozessen und somit einer Maximierung der Wertschöpfung vereinbar. Die identifizierten Problemfelder bestärkten das LuF B&B somit darin, in der Forschung neue Instrumente zu entwickeln, die z. B. eine durch den Einsatz von Auto-ID-Techniken unterstützte verbesserte Erfassung, Kontrolle, Steuerung und Dokumentation baulogistischer Prozesse erlauben.

Wichtige Punkte, die in die Entwicklung des Demonstrators und der dahinter liegenden Konzepte für neue Logistikkonzepte einfließen müssen, sind hierbei nach Einschätzung der Verfasser:

- die Kopplung des Informationsflusses an eindeutige Identifizierungsnummern, mit der Objekte möglichst dauerhaft gekennzeichnet werden (z. B. RFID-Tags in Produkten oder ID-Cards für Personen)

- die Übertragung von Ereignisdaten in Echtzeit ohne weiteren manuellen Eingriff von Erfassungssystemen in vernetzte EDV-Systeme

- das Abbilden von Prozessen in Softwareumgebungen und ein automatisiertes Anstoßen von Workflows durch Software, die auch die Ausführung der Workflows unterstützt

- die Nutzung von Standards zur Kennzeichnung und zum Datenaustausch zur Gewährleistung der Möglichkeit eines unternehmensübergreifenden Informationsaustauschs

Bevor in Kap. 5 auf die Entwicklung neuer Logistikprozesse und -konzepte und deren Demonstration im *„RFID-Baulogistikleitstand"* eingegangen wird, sollen zuvor unter nachfolgender Ziff. 4.5 in Form von Exkursen noch einige Untersuchungen zur Eignung spezieller Auto-ID-Systeme für Anwendungsfälle in der Baulogistik beschrieben werden, die im Rahmen des Projektes *„RFID-Baulogistikleitstand"* durchgeführt worden sind.

4.5 Exkurs zu Grundlagenuntersuchungen bzgl. der Eignung von Auto-ID-Systemen

4.5.1 UHF-RFID-Transponder für Schlitzantennen in Metall an den Beispielen Containerrahmen und Schaltafel

Zu Beginn des Projektes *„RFID-Baulogistikleitstand"* wurde mit Blick auf den Demonstrator im abgeschlossenen Projekt *„InWeMo"* untersucht, ob eine verhältnismäßig neue und nun verfügbare Transponderbauform es erlaubt, Baustellencontainer so mit UHF-RFID-Tags auszustatten, dass dieser nicht aufträgt. Hierzu wurde ein Transponder der Fa. Harting genutzt, der hinter einem Schlitz, der in ein Metallobjekt eingebracht wird, befestigt wird. Hier spielte die Idee eine Rolle, dass dieser Schlitz später zugespachtelt und überlackiert werden kann, wie auf nachfolgender Abbildung verdeutlicht (vgl. Abb. 4-1).

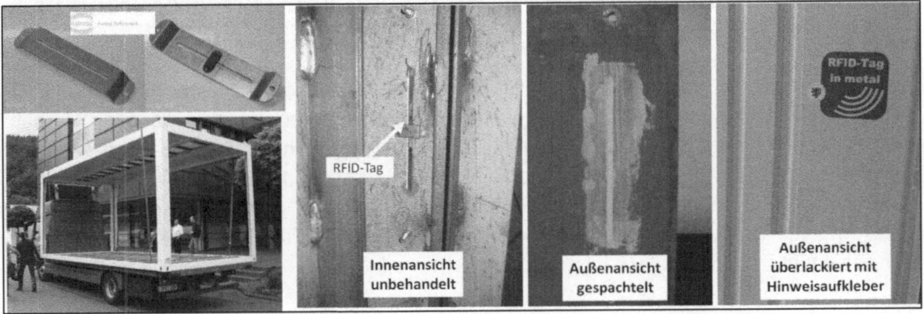

Abb. 4-15: **UHF-Schlitzantenne in Metallbauteilen am Bsp. Baustellencontainerrahmen zu verschiedenen Projektphasen (eigene Aufnahme)**

Auf diese Weise wurde gezeigt, wie eine vollständig lackierte Oberfläche eines Metallobjektes über UHF-RFID-Technik, die von außen nicht sichtbar ist, identifizierbar gemacht werden kann.

Mit Blick auf den von vielen Seiten geäußerten Wunsch, dass auch Schaltafeln auf Distanz identifiziert werden sollen, (a) wenn sie auf einem Stapel liegen und (b) wenn sie eingebaut und somit nur rückwärtig zugänglich sind, wurde in einer weiteren Voruntersuchung gezeigt, dass dies erreicht werden kann, wenn ein solcher Schlitz mit dahinter liegendem UHF-RFID-Transponder in den Rahmen einer Schaltafel eingebracht wird. Nachfolgende Abbildung soll einerseits dieses Vorgehen verdeutlichen, andererseits den Unterschied darstellen zu bereits auf dem Markt befindlichen Schaltafel-Identifizierungssystemen auf RFID-Basis, bei denen allerdings mit eingelassenen und überlackierten Nahbereichs-RFID-Transpondern gearbeitet wird.

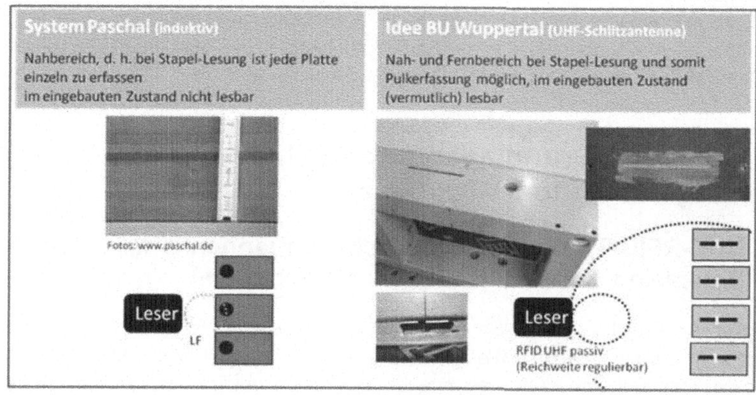

Abb. 4-16: **Nahbereichs-RFID-Kennzeichnung für Schaltafeln der Fa. Paschal (links)[28] und Idee zur Weitbereichs-RFID Kennzeichnung mittels UHF-Schlitzantenne (rechts, eigene Aufnahme)**

Weitere Untersuchungen sind in etwaigen Folgeprojekten bei Unterstützung von Schalungsherstellern geplant.

4.5.2 UHF-RFID-LKW-Portal zur Erfassung von Turmdrehkranteilen, LKW-Innenlader-Aufliegern und Bauteilträgern

Auf Wunsch eines Praxispartners wurde ferner untersucht, ob mit einem passiven UHF-RFID-LKW-Portal Kranbauteile erfasst werden können. Hierbei wurden die nach Vorgabe des Praxispartners verladenen Kranbauteile erkannt, wenn neueste UHF-Hard-Tags verwendet werden und diese mit Verständnis für das Wirkungsprinzip der RFID-Technik montiert werden. Auf diesem Weg wurde die im Projekt *„InWeMo"* geäußerte Behauptung, dass großformatige Bauteile und Baubetriebsmittel mittels LKW-RFID-Portal erfasst werden können, bestätigt.

---

[28] Paschal (2010)

In diesem Zusammenhang wurde auch untersucht, ob und wie gut eine Einzelerfassung der Kranbauteile dann mittels UHF-Handleser möglich ist. Nachfolgende Abbildung gibt einen Eindruck.

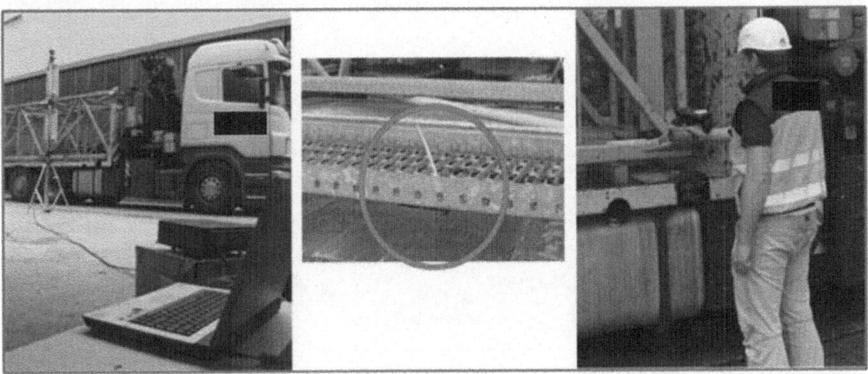

Abb. 4-17: Untersuchungen zur Nutzung von passiven UHF-Transpondern für die Erfassung von Kranbauteilen auf LKW: Erfassung per LKW-Portal (links) und per Handleser (rechts)

Weiterhin wurde, um die Idee zur Kopplung verschiedener Logistiksysteme zu untermauern, auf die nachfolgend in Kap. 0 noch eingegangen wird, erfolgreich untersucht, ob durch ein solches passives UHF-RFID-LKW-Portal bei einer Durchfahrt gleichzeitig ein LKW-Führerhaus, ein Innenlader-Auflieger und die sich im Innenlader-Auflieger befindliche Palette zum Transport von Stahlbetonfertigteilen identifiziert werden können. Nachfolgende Abbildung zeigt eine LKW-Durchfahrt beim Praxistest (vgl. auch Ziff. 5.13).

Abb. 4-18: Erfassung von LKW-Nummernschild mit Schlitzantenne, Auflieger und Innenlader-Palette mittels UHF-RFID-LKW-Portal (eigene Aufnahme)

4.5.3 Lesbarkeit von UHF-RFID-Tags auf und in Beton

Ferner wurde getestet, ob sich RFID-Smart-Label-Etiketten auf Stahlbetonfertigteile aufbringen und auslesen lassen. Diese Kennzeichnung bietet für Logistikprozesse nach Einschätzung der Verfasser oftmals die für den Prozess günstigere Variante im Vergleich zum verdeckten Einbau. Unabhängig hiervon haben sich die Verfasser jedoch auch ein Bild davon gemacht, ob und nach welcher Zeit UHF-RFID-Transponder in frischem Beton, nachfolgend am Beispiel der Probewürfelkennzeichnung bildlich verdeutlicht, ausgelesen werden können. Hierbei zeigte sich eine starke Abhängigkeit von der verwendeten Bauform des Transponders.

Abb. 4-19:   **Stahlbeton-Fertigteiletikett mit Barcodes und UHF-Smart-Label (links) und Untersuchungen zur Lesbarkeit von einbetonierten UHF-Tags (Mitte und rechts) (eigene Aufnahme)**

Untersuchungen zur Eignung von HF-RFID-Transpondern für das Erfassen von Transpondern im sehr feuchten Zustand wurden, da für die betrachteten Logistikprozesse nicht relevant, aber sicher für Anwendungen in der Produktionssteuerung durchaus zweckmäßig, da HF-Felder durch Feuchtigkeit wesentlich weniger negativ beeinflusst werden als UHF-Felder, nicht untersucht.

4.5.4 Fingerprint-Sensoren auf Baustellen

Im Rahmen des Forschungsprojektes *„RFID-Baulogistikleitstand"* ist eine Ausarbeitung zur Untersuchung der Funktions- und Einsatzfähigkeit von Fingerprint-Sensoren im Bereich des Bauwesens erstellt worden. Auf Basis der in diesem Zusammenhang durchgeführten Tests, Befragungen von Fachleuten und Beobachtungen des Marktes wurde schließlich der Fingerprintsensor ausgewählt, der im Demonstrator *„RFID-Baulogistikleitstand"* zum Einsatz gekommen ist. Die Wiedergabe der Testergebnisse muss an dieser Stelle jedoch herstellerunabhängig erfolgen. Außerdem dienten die Untersuchungen dazu, ein qualitatives Gefühl für verschiedene Störfaktoren (Bedienungsfehler, Hautfeuchtigkeitsunterschiede, Verschmutzungen, Verletzungen der Finger etc.) und Erkennungszeiten zu gewinnen.

Benennung:	Typ S1	Typ S2	Typ S3	Typ S4	Typ S5	Typ S6	Typ S7	Typ S8
Gerätetyp:	Zutrittskontroll-terminal	Sensor mit SDK	Sensor mit SDK	Zutrittskontroll-system	Sensor mit Zutrittskontroll-software	Zutrittskontroll-system	Sensor mit SDK	Sensor mit SDK
Technologie:	optisch	optisch berührungslos	kapazitiv (Zeile)	thermisch (Zeile)	optisch	optisch	kapazitiv	optisch
Auflösung (dpi):	500	500	508	500	500	500	508	500
Bildgröße (Pixel):	288x288	640x480	192x512	368x240	k.A.	k.A.	256x360	480x480
Schnittstelle:	RS485	USB	USB	USB	USB	RS485	USB	USB
Erkennung:	1:n, 1:1	1:n, 1:1	1:n, 1:1	1:n	1:n	1:n	1:n, 1:1	1:n, 1:1
Templategröße (kB):	bis 384 Byte	125 Byte bis 200 kB einstellbar	125 Byte bis 200 kB einstellbar	bis ca. 84	k.A.	bis 250 Byte	125 Byte bis 200 kB einstellbar	125 Byte bis 200 kB einstellbar
Erkennungszeit (s):	(1:1) <1 (1:n) =1	k.A.	k.A.	(1:1) <1 (1:n) <4	(1:1) =0,6 (1:n) =0,8	(1:1) =0,6 (1:n) =0,8	k.A.	k.A.
Kapazität:	5000 (je 2 Finger), 10000 Templates	k.A.	k.A.	99 Finger (Netzwerkvariante mit größer Kapazität erhältlich)	6000 Finger	500 (je 2 Finger)	k.A.	k.A.
Schutz-klasse:	IP 65	k.A.	k.A.	IP 43	k.A.	IP 65	k.A.	spritzwasserge-schützt
Temperatur (°C):	-30 bis +75	0 bis +50	0 bis +40	-40 bis +85	-10 bis +50	-10 bis +50	0 bis +50	-18 bis +40
Preis (EUR):	>500	>500	<100	>500	>500	>500	<100	>500

Abb. 4-20: **Überblick über die untersuchten Geräte**

Im ersten Teil der Studie wurden im Büro einige Voruntersuchungen durchgeführt. Darauf aufbauend wurden Praxistests auf Baustellen bzw. in Baustoffwerken durchgeführt. Abschließend wurde noch untersucht, ob und wie einfach die Systeme mit gefälschten Fingerabdrücken zu umgehen sind.

Die beabsichtigte, verschlüsselte Speicherung der biometrischen Daten auf einer Baustellen-ID-Card ist bei einer maximalen Größe des Templates von 200 kbit bei allen getesteten Geräten ohne Weiteres möglich.

Mit den Testergebnissen der Voruntersuchungen konnten Rückschlüsse über die verschiedenen Einflüsse, die auf die Fingeroberflächen einwirken, und die erzeugte Bildqualität der Sensortechnologien gezogen werden. Es war z. B. zu erkennen, dass ein berührungsfreier optische Sensor (Gerät S2) und ein kapazitiver Zeilensensor (Gerät S3) die Papillarlinien leicht feuchter und trockener Fingeroberflächen am detailgetreuesten abbilden können. Wie an den Ergebnissen der Mittelwertabweichung zu erkennen war, ist diese bei dem Gerät S2 am geringsten. Zudem ist eine gute Trennbarkeit zwischen Hintergrundbildanteil und Fingerabdruck zu erkennen. Da aber nicht nur das eigentliche Fingerabdruckbild, sondern auch die übrige Sensorfläche mit in die Abweichungsberechnung mit einfließt, kann es zu einer starken Verfälschung der Abweichungswerte kommen. Somit können diese Ergebnisse nicht bei allen Sensoren eine objektive Bewertung ermöglichen.

Der erste Erkennungstest diente der Deutung von Erkennungsraten und Erkennungszeiten von durchschnittlichen Fingeroberflächen. Dabei wurde festgestellt, dass Abdrücke verschwitzter bzw. trockener, faltiger Finger beim sog. Enrollment, dem Einlernen der Referenzwerte, nicht immer problemlos einlernbar und somit wiedererkennbar sind. Ein optischer Sensor (Gerät S8) erkannte in dieser Untersuchung im Vergleich zu den anderen getesteten

Systemen durchschnittlich die meisten Finger wieder. Generell ist zu bemerken, dass jeweils nur ein einziger Erkennungsversuch pro Finger und Gerät durchgeführt wurde.

Laut der zur Verfügung gestellten Datenblätter der Sensorhersteller erfolgt die Verifikation in < 1 Sekunde und die Identifikation in < 4 Sekunden. Die im Versuch gemessenen Identifikations-Erkennungszeiten lagen beim schnellsten Gerät S7 durchschnittlich bei 0,9 Sekunden und beim langsamsten Gerät S4 bei 3,0 Sekunden. Die in der Untersuchung geschilderten differierenden Messgrundlagen könnten zu dem abweichenden Messresultat geführt haben. Die längeren Messzeiten traten meist infolge leicht schiefen, zu hohen oder tiefen Auflegens des Fingers auf den Flächensensor auf oder infolge schiefer, sehr langsamer oder sehr schneller Fingerführung bei den Zeilensensoren.

Das Resultat einer Untersuchung mit unterschiedlich beschmutzten Fingern gab Aufschluss über die Erkennungsraten bei extremen Fingerverschmutzungen. Da sich die Erkennungsergebnisse der verschiedenen Geräte und Verschmutzungsarten sehr voneinander unterscheiden und einige Geräte auf Grund ihrer IP-Klasse nicht für alle verwendeten Substanzen geeignet sind, war eine eindeutige Bewertung der Geräte für die gesamte Untersuchung nicht möglich. Die Ergebnisse konnten jedoch für die einzelnen Verschmutzungsformen einen nützlichen Aufschluss über die Erkennungsraten geben.

Eine Befeuchtung der Finger erbrachte bei den optischen und den thermischen Sensoren große Einbußen in der Erkennungsrate, die unter 40 % sank. Der berührungslose Sensor S2 konnte hier die besten Match-Raten von bis zu 100 % erzielen, allerdings mit zugeschalteter *„online learning- Funktion"*. Weiterhin war festzustellen, dass ölige Fingeroberflächen den berührungsfreien Sensor S2 am stärksten in der Wiedererkennung störten, denn das Sensorlicht wurde offenbar so stark vom Öl reflektiert, dass eine Erkennung der Minuzien sehr erschwert wurde. Die anderen Sensoren konnten mindestens 40 % der Finger wiedererkennen, Gerät S8 sogar 100 %. Am stärksten wurde die Erkennung durch Asche auf den Fingeroberflächen beeinflusst. Alle optischen Geräte kamen in diesem Versuch an ihre Grenzen, nur ein thermische und zwei kapazitive Sensoren konnten durch ihre Technologie mit einer durchschnittlichen Erkennungsrate von mindestens 70 % überzeugen. Beim Testdurchlauf mit mittels Blumenerde verschmutzten Fingern zeigten die optischen Sensoren S1 und S6 die besten Erkennungsraten.

Bei der Untersuchung der Wiedererkennung verletzter Finger war zu berücksichtigen, dass Verletzungen in unterschiedlichsten Formen auftreten können. Ein Fingerabdruck konnte nach einer Brandverletzung auf Grund der geplätteten Papillarlinien von den zwei optischen Sensoren S2 und S8 am schlechtesten erkannt werden. Bei einer kleinen Schnittverletzung wurden die Finger bis auf wenige Ausnahmen gut erkannt. Bei einer größeren Wunde zeigte sich eine starke Abhängigkeit davon, wie der Finger auf den Sensor gelegt bzw. über ihn geführt wurde.

Die an die Voruntersuchungen anknüpfend durchgeführten Praxistests gaben Aufschluss über Erkennungsraten von Fingern von auf Baustellen tätigen Personen. Diese Tests zeigten, dass auf Baustellen nicht alle Finger einlernbar sind. Probleme bereiteten insbesondere den optischen Sensoren Finger, dir durch häufigen Zementkontakt sehr trocken und abgenutzt erschienen. Der Vorteil des berührungsfreien Sensors, auch verschmutze und trockene Finger zu erkennen, kehrte sich bei abgenutzten Fingeroberflächen ins Gegenteil um.

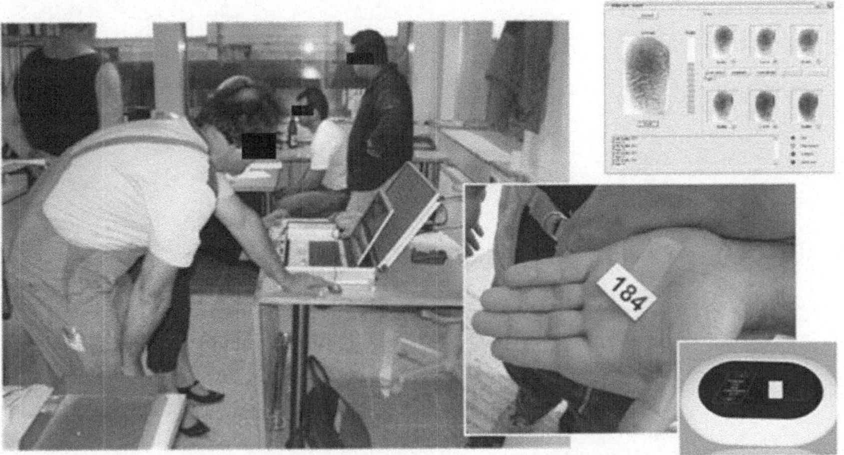

Abb. 4-21: Untersuchungen im Stahlbeton-Fertigteilwerk (eigene Aufnahme)

Zusammenfassend wurde in der Studie festgestellt, dass ein thermischer Sensor im Vergleich zu den anderen Geräten in allen Verschmutzungsformen und Abnutzungen das durchschnittlich beste Erkennungsergebnis erzielten. An zweiter Stelle lag der später im Demonstrator „RFID-Baulogistikleitstand" genutzte optische Flächensensor, der nach Beobachtungen der Verfasser auf dem Markt verbreiteter ist und auch zum entsprechend Zeitpunkt des Forschungsprojektes besser verfüg- und integrierbar war.

Im letzten Teil der Studie wurde untersucht, als wie aufwändig eine Fälschung eines Fingerabdruckes und damit verbunden die Manipulierbarkeit der Geräte einzuschätzen ist. Hierzu wurden verschiedene Anleitungen, die hierzu im Internet kursieren, befolgt und das Ergebnis ausgewertet. Dabei wurde festgestellt, dass die Möglichkeit der Fälschung nur unter erhöhtem Aufwand möglich ist. Die Voraussetzung dafür sind ein sehr guter Abdruck, eine hochaufgelöste Digitalkamera mit Makro-Objektiv, gute Bildverarbeitungsprogrammkenntnisse und ein hochauflösender Drucker. Die Ergebnisse der Erkennung des gefälschten Fingers zeigten eindeutig, dass eine Manipulation durch einen sog. Holzleimfinger bei Zeilen-, thermischen und berührungsfreien Sensorsystemen nicht funktioniert. Bei dem berührungsfreien Sensor wird zu viel Licht reflektiert, und die Merkmale überblenden. Bei den Zeilen-Sensoren kann der imitierte Abdruck durch den leicht haftenden Holzleim nicht mehr gleichmäßig herübergezogen werden. Der thermische Sensor kann auf der gefälschten Struktur keine genauen Temperaturunterschiede mehr deuten.

Insgesamt kamen die Verfasser nach der Studie zu dem Schluss, dass nach der Installation eines Komplettsystems, das entsprechend zu kalibrieren ist, und nach entsprechender Schulung der Nutzer die Chance besteht, ein Fingerprinterkennungssystem, dass eine Verifikation zum Ziel hat, auch für die Anwendung auf Baustellen geeignet zu gestalten. Auf die Erfahrungen mit diesem System wird in Kap. 5.21 eingegangen.

5 Der „*RFID-Baulogistikleitstand*"

5.1 Ziel

Das Ziel des Forschungsvorhabens „*RFID-Baulogistikleitstand*" war die Entwicklung eines Konzeptes zur Unterstützung logistischer Prozesse mittels Auto-ID-Techniken. Dazu wurden entlang der Wertschöpfungskette Bau verschiedene, auch unabhängig voneinander funktionierende, also modular aufgebaute Applikationen zur Unterstützung baulogistischer Prozesse entwickelt. Eine Auswahl der Applikationen wurde, zur Demonstration fokussiert auf das Geschehen an der Schnittstelle Baustelle / Außenwelt, in einem Leitstand vereint. Dieser wurde zur Demonstration physisch in einem Container untergebracht, der somit im Rahmen des Berichts als Leitstand verstanden werden kann.

Dieser „*RFID-Baulogistikleitstand*" kann als Instrument eines durch einen Datenverantwortlichen überwachten Dokumentationsmanagementsystems für das Geschehen an der Schnittstelle Baustelle / Außenwelt verstanden werden. Dieses System dient der Dokumentation einer Vielzahl vorgelagerter Erfassungs-, Kontroll- und Steuerungsprozesse. Nachfolgende Abbildung zeigt auf der linken Seite das zu Projektbeginn erstellte Modell des Leitstandes im Baustellenbezug, auf der rechten Seite ist der im Projektverlauf entwickelte Demonstrator im Baustelleneinsatz zu sehen.

Abb. 5-1:   Der „*RFID-Baulogistikleitstand*" an der Schnittstelle Baustelle / Außenwelt (Modell / Umsetzung) (eigene Aufnahme)

Für vorgelagerte Prozesse der Materiallogistik, die in diesem Zusammenhang von Bedeutung sind, jedoch nicht unmittelbar an der Schnittstelle Baustelle / Außenwelt aufgezeigt werden können, wurde zudem als Demonstrator für die Logistikkette der Auslieferung von Stahlbetonfertigteilen ein RFID-Demonstrationsmodell im Maßstab 1:50 erstellt (vgl. Kap. 6). Daher werden nachfolgend als Beispiel solche Fertigteile herangezogen. Die in der Realität auf Umsetzbarkeit geprüften Einzelprozesse wurden zudem in einem Demonstrationsvideo dokumentiert (vgl. ebenfalls Kap. 6).

Der Grundriss des Leitstandes ist in drei Bereiche gegliedert: auf nachfolgender Modellabbildung links befindet sich der von innerhalb und außerhalb der Baustelle betretbare Bereich, in dem eine sog. „*Baustation*" integriert ist und von dem aus der Datenverantwortliche / Pförtner den mittleren Bereich betreten kann. In diesem mittleren Bereich fließen alle Daten zusam-

men, dort befindet sich der Arbeitsplatz des Datenverantwortlichen, der dort u. a. auch Bau-
stellen-ID-Cards erstellen kann und der in alle vier Richtungen mit Schalterfenstern ausgestattet ist, so dass eine Kommunikation mit Kunden möglich wird. Auch ist von hieraus ein
Blick auf die Zufahrtskontrollanlage möglich, die auf nachfolgender Abbildung links neben
dem Leitstand zu erkennen ist. Im rechten Bereich des Leitstandes befindet sich eine Zu-
tritts- und PSA-Kontrollschleuse, die von der Baustellenbelegschaft zum Betreten und Verlassen der Baustelle bzw. des Arbeitsbereiches zu nutzen ist. Außer der Zufahrtskontrollanlage ist auf der Abbildung außerhalb des Containers unterhalb des Leitstandes noch zu erkennen, dass Bereiche für Werkzeugregistrierungslösungen eingeplant wurden.

Abb. 5-2:   Grundriss des Demonstrations-Baulogistikleitstand (Modell) (eigene Aufnahme)

Im Folgenden werden das Gesamtkonzept sowie ausgewählte Applikationen des Projektes
„RFID-Baulogistikleitstand" unter Integration der Ergebnisse aus dem Projekt *„InWeMo"* genauer vorgestellt.

Vorab soll folgende Abbildung verdeutlichen, an welcher Stelle des Containers welche
Hardware verbaut wurde. Die Hardware ist hierzu alphanumerisch gekennzeichnet. Diese
Nummern finden sich ebenfalls wieder in der Darstellung der Vernetzung der Applikationen,
die im nachfolgenden Abschnitt beschrieben wird.

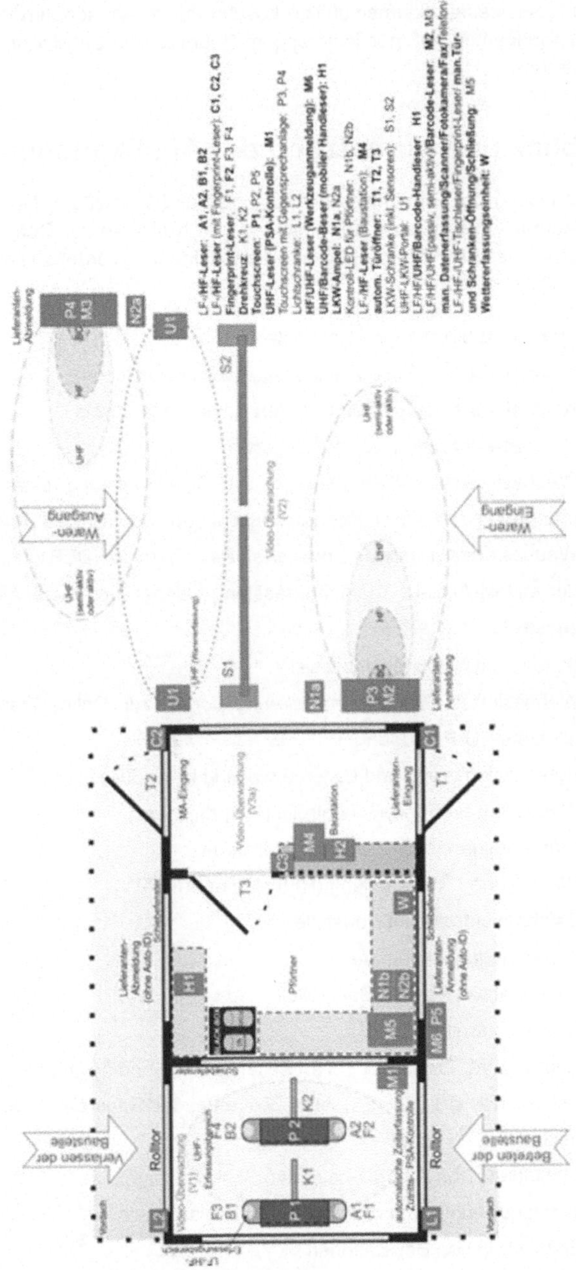

Abb. 5-3:   Grundriss des Demonstrations-Baulogistikleitstand: Lage der Hardwarekomponenten

Diese Anordnung soll keine allgemeingültige Lösung darstellen, sondern verbindet lediglich unabhängige Komponenten auf möglichst engem Raum für die Entwicklung eines transportablen Demonstrators.

5.2 Überblick und Vernetzung der Applikationen

Unter Berücksichtigung der Ergebnisse der Analysen und Workshops (vgl. Kap. 4) wurden die folgenden Auto-ID-unterstützten Applikationen und Konzepte zur Optimierung personal- und materiallogistischer Prozesse entwickelt, die miteinander vernetzt werden können und sich tlw. gegenseitig bedingen:

- Übergeordnete Applikationen / Konzepte:
    - Konzept für den Einsatz eines Datenverantwortlichen
    - Konzept für einen standardisierten Baustellenausweis
    - Webbasierter *„Bauprojektdatenserver"*
    - Webbasierter *„RFID-Bauserver"* zur Gewährleistung eines unternehmensübergreifenden Informationsaustauschs (aus dem Projekt *„InWeMo"*)
    - Webbasiertes *„Digitales Erweitertes Bautagebuch"* (DEBT) zur Dokumentation der mittels Auto-ID-Technik erfassten personal- und materiallogistischen Prozesse

- Applikationen / unterstützte Prozesse
    - Webbasiertes *„Baustellenavisierungsportal"* zur Online-Transportanmeldung mit Liefer-ID-Erzeugung
    - Kommissionierung und Lagerverwaltung beim Zulieferer
    - Disposition und Verladekontrolle beim Zulieferer
    - Warenausgangskontrolle beim Zulieferer
    - Waren- und LKW-Tracking (RFID-Leser am LKW)
    - Zufahrtskontrolle auf Baustelle
    - Wareneingangskontrolle
    - Lagerplatzverwaltung Baustelle
    - Einbaukontrolle
    - Kombinierte Zutrittskontrolle, Zeiterfassung und Kontrolle der persönlichen Schutzausrüstung (PSA) beim Betreten der Baustelle bzw. des Arbeitsbereichs
    - Einbindung von Auto-ID-basierten Schließanlagen
    - Werkzeug- und Bauproduktionsmittelregistrierung
    - Einbindung von Baustationen
    - Wetterdatenerfassung
    -

Neben der RFID-Technik wurden, wie bereits erwähnt, für ausgewählte Applikationen auch andere Auto-ID-Techniken, wie z. B. die Barcode-Technik oder die Fingerprint-Technik eingesetzt, da das LuF B&B diese in den entsprechenden Prozessen für zweckmäßiger und für kurzfristig praxisnah umsetzbar hält.

Bevor in den nachfolgenden Abschnitten detailliertere Ausführungen zu den einzelnen Punkten erfolgen, soll vorab folgende Abbildung einen groben Eindruck über die Struktur der Vernetzung der einzelnen Applikationen geben.

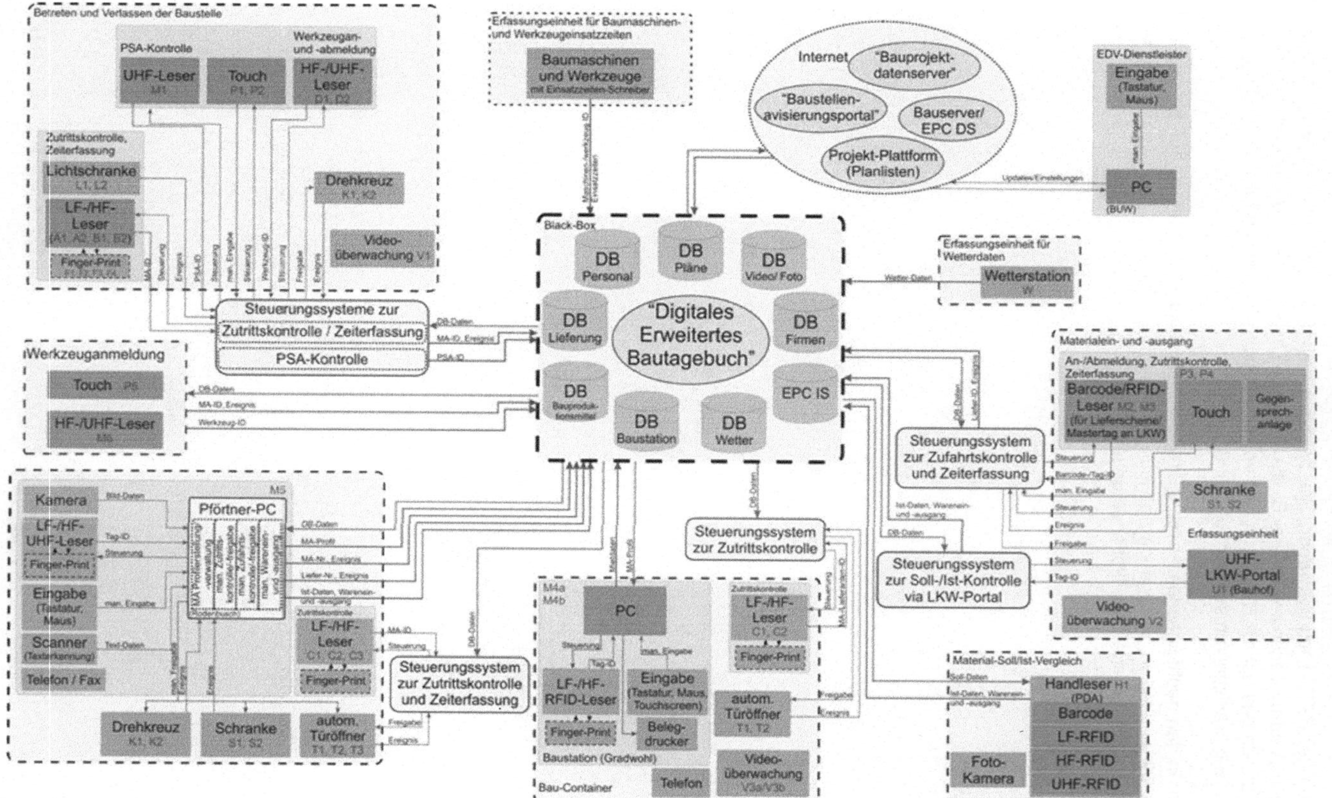

Abb. 5-4:   Vereinfachte Darstellung der Vernetzung der Applikationen

Aus der Abbildung ist ersichtlich, dass jeder Applikationsblock, der mit einer in der Mitte der Abb. dargestellten Datenbank verbunden ist, autark funktionieren kann. Die einzelnen Blöcke zeigen dabei die in den Applikationen genutzte Hardware und deren Verbindungen an.

Sämtliche Datenbanken, die einerseits die Applikationen mit Daten versorgen, andererseits aber auch die in den Applikationen entstehenden Ereignisdaten aufnehmen, sind, wie oben rechts in der Abb. 5-4 zu erkennen, über das Internet bzw. webbasierte Applikationen berechtigten Personen weltweit ohne wesentliche Zeitverzögerung zugänglich. Die im Folgenden dargestellten Applikationen wurden mittels Prozessdiagrammen vorab definiert. (vgl. Anlage 1)

5.3 Konzept für einen Datenverantwortlichen auf der Baustelle als Teil des Gesamtkonzeptes

Im Rahmen des Projektes wurde festgestellt, dass ein Datenverantwortlicher erforderlich ist, der den Leitstand betreibt, wenn dort verschiedene baulogistische Applikationen miteinander kombiniert werden. Zwar wird für die einzelnen Applikationen erwartet, dass diese nahezu automatisiert laufen, jedoch ist einerseits für den Störungsfall, andererseits aber auch zur Wartung und Pflege sowie für die nicht von den Logiken der EDV-Systeme erfassten Fälle ein Ansprechpartner vor Ort erforderlich, wie dies auch bei klassischen Pförtnerlösungen auf Baustellen der Fall ist.

Der Demonstrations-Leitstand-Container enthält daher im Zentrum einen abschließbaren Arbeitsplatz für den Datenverantwortlichen, in dem auch der Server steht. Hier laufen alle auf der Baustelle anfallenden Daten zusammen. Außerdem kann der Datenverantwortliche hier Baustellenausweise erstellen und ist auch über Schalterfenster, die ihm auch den Ausblick in alle Richtungen erlauben, für Kundschaft ansprechbar. Nachfolgende Abbildung zeigt seinen Arbeitsplatz im Modell und in der Umsetzung. Weitere Eindrücke geben die Abb. zu Ziff. 5.4 ff.

Abb. 5-5:   **Arbeitsplatz des Datenverantwortlichen im *„RFID-Baulogistikleitstand"* (Modell / Umsetzung)**
                 (eigene Aufnahme)

5.4 Konzept für einen standardisierten Baustellenausweis

Wie beschrieben, lässt sich über die Verbindung digitaler Bautagebuchsoftware mit Auto-ID-Systemen die Transparenz von Bau(logistik)prozessen steigern. Die Prozessanalysen (vgl.

Ziff. 4) ergaben, dass Prozessoptimierungen oder zumindest Prozessverbesserungen unter Einsatz von Auto-ID-Techniken oft eine grundlegende Neugestaltung von Workflows und Prozessen erfordern. Nach Einschätzung der Verfasser bieten sich bei Einsatz einer multifunktionalen ID-Card bei der Neugestaltung von Workflows und Prozessen viele Möglichkeiten der IT-Unterstützung.

Personen sind, wie Güter, Geräte, Informationen etc., logistische Objekte bzw. Objekte der Arbeitsvorbereitung. Sie stellen auch Verknüpfungspunkte in materialbezogenen Prozessen dar. Denn eine Besonderheit der Baulogistik im Vergleich zu Logistiksystemen in anderen Branchen ist, dass zumindest auf Baustellen i. d. R. nicht feste Orte (z. B. Lagerplätze), sondern i. d. R. Personen/ Kolonnen etc. die Knoten in den logistischen Systemen der Material- und Informationsflüsse sind. Sollen Prozesse auf Baustellen über EDV-Systeme erfassbar und transparent gemacht werden, was eine Voraussetzung für einen zur Logistikverbesserung erforderlichen Informationsfluss ist, so sollten zunächst die in den Prozessen beteiligten Personen, also die logistischen Knoten identifizierbar gemacht werden.

Da es in dem Forschungsprojekt um den Einsatz von Auto-ID-Techniken in den Prozessen der Baulogistik geht, mussten Konzepte und Szenarien entwickelt werden, wie die beteiligten Objekte mit Auto-ID-Kennzeichnungen ausgestattet werden können. Da Personen nach Auffassung der Verfasser nicht direkt gekennzeichnet werden sollten, auch wenn diese Idee in verschiedenen Zukunftsvisionen bauunabhängig immer wieder im Science-Fiction-, aber auch im militärischen Bereich zu hören ist, wurde im Rahmen des Forschungsprojektes ein Konzept für einen standardisierten Baustellenausweis entwickelt, der die maschinenlesbaren Kennzeichnungsträger zur Bedienung der verschiedenen logistischen Applikationen im *„RFID-Baulogistikleitstand"* enthält.

Aus verschiedenen Gründen, z. B. infolge der langfristig geringeren Kosten bei höherer Sicherheit, oder infolge der erhöhten Planungssicherheit bei der Gestaltung von IT-Systemen, wenn genormte Ausweise im Einsatz sind und davon ausgegangen werden kann, dass die gesamte Baustellenbelegschaft einen Ausweis auch mit sich führt, sind die Verfasser der Auffassung, dass eine standardisierte ID-Card personengebunden sein sollte, und so der Einsatz einer Vielzahl baustellen- oder firmengebundener Lösungen entbehrlich wird. Dieser Ausweis würde eine Person auf Dauer begleiten, auch über Arbeitgeber- und Baustellenwechsel hinweg.

Daher handelt es sich bei dem im Rahmen des Forschungsprojektes entwickelten Ausweis um einen personengebunden Ausweis, der ähnlich wie ein Sozialversicherungsausweis von einer lizensierten Stelle einmalig erstellt wird. (In diesem Zusammenhang erwähnenswert scheint, dass durch die SOKA-BAU Arbeitnehmernummern vergeben werden.)

Zu Demonstrationszwecken wurde im Leitstand-Container eine Ausweiserstellungsstation intergiert, wie auf nachfolgender Abbildung dargestellt.

Abb. 5-6:   System zum Erstellen einer Baustellen-ID-Card auf der Baustelle (eigene Aufnahme)

Auf jeder Baustelle müsste dieser Ausweis in einer Stammdatenbank registriert werden (vgl. nachfolgende Ziff. 5.5 zum *„Bauprojektdatenserver"*). Hierzu wäre z. B. der o. g. Datenverantwortliche zuständig, der in diesem Zusammenhang auch die erstmalig die Baustelle betretende Person einweist und ihre PSA registriert etc. Diese Registrierung kann aber auch webbasiert erfolgen, bevor ein Mitarbeiter eine Baustelle erreicht.

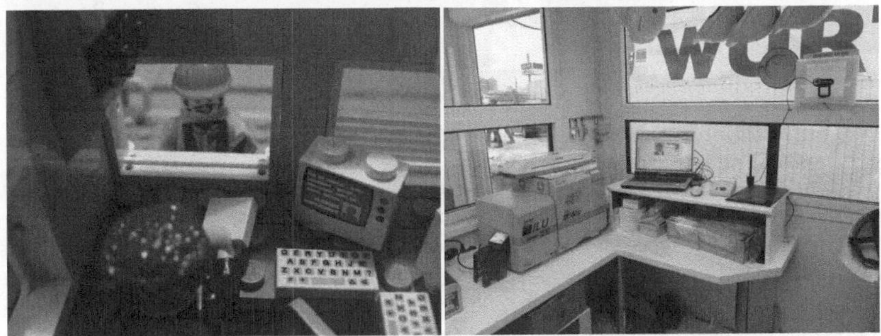

Abb. 5-7:   Ausweisvergabe durch einen Datenverantwortlichen (Modell und Umsetzung) (eigene Aufnahme)

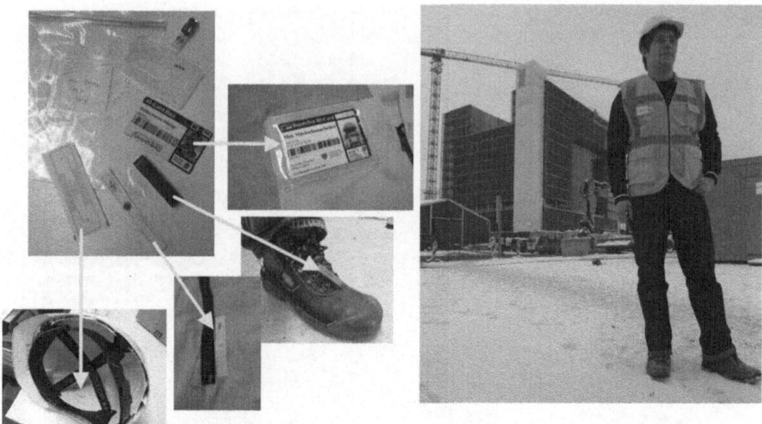

Abb. 5-8:   **Zuordnung von UHF-PSA-RFID-Transpondern und Baustellen-ID-Card beim Praxistest auf der Baustelle ThyssenKrupp Quartier (eigene Aufnahme)**

Die folgende Abbildung zeigt einen Vorschlag für die Gestaltung der Vorder- und Rückseite eines standardisierten Baustellenausweises.

Abb. 5-9:   **Baustellenausweis (links: Vorderseite/rechts: Rückseite)**

Wie auf der Abbildung zu erkennen, beinhaltet der Ausweis als sichtbare Informationen, d. h. in Klarschrift bzw. als Bild, tlw. zusätzlich verschlüsselt in Barcodeform die Ausweisnummer, Namen und Geburtsdatum, das Datum der Ausweiserstellung, ein Passfoto, Siegel zum Hinweis auf die Standards der eingesetzten Auto-ID-Techniken und zum Hinweis auf die biometrische Komponente, eine Unterschriftenprobe, die Aussteller-Lizenz-Nr. etc. Da es sich bei dem Ausweis um einen personengebundenen Ausweis handelt, Ausweise auf Baustellen jedoch auch gerne als Erkennungsausweis genutzt werden, und somit eine Arbeitgeber- oder Baustellenzuordnung erwünscht sein kann, befinden sich auf dem Ausweis zusätzliche Freiräume, auf denen ggf. über „Aufkleber"/ „Marken"/ „Sticker" die Arbeitgeber- und/oder Baustelleninformationen temporär ergänzt werden können.

Zusätzlich beinhaltet der Ausweis zwei RFID-Transponder. Derzeit bieten sich als einzusetzende Techniken für den UHF-Bereich der Gen2-Standard an, wobei jedoch auf den Schutz des Datensatzes zu achten ist, und für den HF-Bereich der Mifare Desfire-Standard. Auf dem UHF-Gen2-Tag ist eine Ausweisnummer hinterlegt und auf dem HF-Tag eine Ausweisnummer und zusätzlich ein Template zweier Fingerabdrücke sowie optional eine PIN und eine qualifizierte digitale Signatur. Als Sicherheitsmerkmale sind denkbar eine zusätzliche Hologrammebene, ein möglichst hochwertiger und randloser Druck mit UV-Komponente etc.

Ggf. ist zukünftig für deutsche Mitarbeiter auch anstelle eines standardisierten Baustellenausweises der neue elektronische Personalausweis nutzbar, der RFID-Technik, eine qualifizierte digitale Signatur und optional Fingerprint-Templates enthalten soll. Für Personen mit anderer Staatsangehörigkeit wäre dann ein entsprechendes Ausweisersatzdokument zu nutzen, dass wieder vorgenanntem Konzept für einen standardisierten Baustellenausweis entsprechen könnte.

5.5 Bauprojektdatenserver

Die Einführung und Pflege von Stammdaten ist Grundvoraussetzung für die Überprüfung von Datensätzen. Stammdaten sind Daten, die über einen längeren Zeitraum unverändert bleiben. Sie enthalten Informationen die in gleicher Weise immer wieder benötigt werden. Diese Referenzinformationen sind für die Erkennung von Personen und Gegenständen notwendig und müssen für den Abgleich mit den am Erfassungsort eingelesenen Daten, z. B. am *„RFID-Baulogistikleitstand"*, zur Verfügung stehen. Hiermit können z. B. im Bereich der Personallogistik Zugangsberechtigungen erteilt werden oder im Bereich der Materiallogistik wird ein direkter Abgleich zwischen bestellter und gelieferter Ware möglich. Es ergeben sich Stammdaten für die die Baustelle betretenden Personen und zugehörigen Firmen, für anzuliefernde Materialien und Baustoffe bzw. -teile und für die auf der Baustelle befindlichen Bauproduktionsmittel. Ferner sind Projektstammdaten anzulegen und die Erfassungseinheiten zu administrieren. Das Anlegen von Stammdatenbanken mit entsprechenden Eintragungen findet während der Ausführungsvorbereitung statt und die Datenbank kann fortlaufend durch autorisierte Personen, hier den Datenverantwortlichen, ergänzt, gepflegt und gewartet werden.

Als zentraler, webbasierter Stammdatenserver wurde im Rahmen des Projektes der sog. *„Bauprojektdaten*(stamm)*server"* entwickelt. Er enthält alle Datensätze, die dem Bereich der Stammdaten zugeordnet werden können. Als Ergänzung enthalten der unter Ziff. 5.6 beschriebene *„RFID-Bauserver"* aus dem Projekt *„InWeMo"* und das unter Ziff. 5.7 beschriebene *„Digitale Erweiterte Bautagebuch"* (DEBT) die sog. Ereignisdaten bzw. Hinweise auf diese.

Der *„Bauprojektdatenserver"* enthält zur Demonstration die Funktionalitäten, dass Bauprojekte, Unternehmen, Baustellenbelegschafts- und Besucherausweise, PSA-Objekttypen, Gewerkschaftszugehörigkeiten, Werkzeugtypen etc. angelegt und verwaltet werden können. Außerdem ist die Verwaltung der Erfassungseinheiten wie Zutrittssperren und Zufahrtsschranken sowie deren Online-Steuerung möglich.

In Abhängigkeit des Nutzertyps (Administrator, Datenverantwortlicher, Bauherr, Bauunternehmen, Logistikdienstleister etc.) sind verschiedene Berechtigungen erforderlich und es werden verschiedene Funktionalitäten freigeschaltet.

Nachfolgende Abbildung (Abb. 5-10) zeigt einen Screenshot der Anwendung.

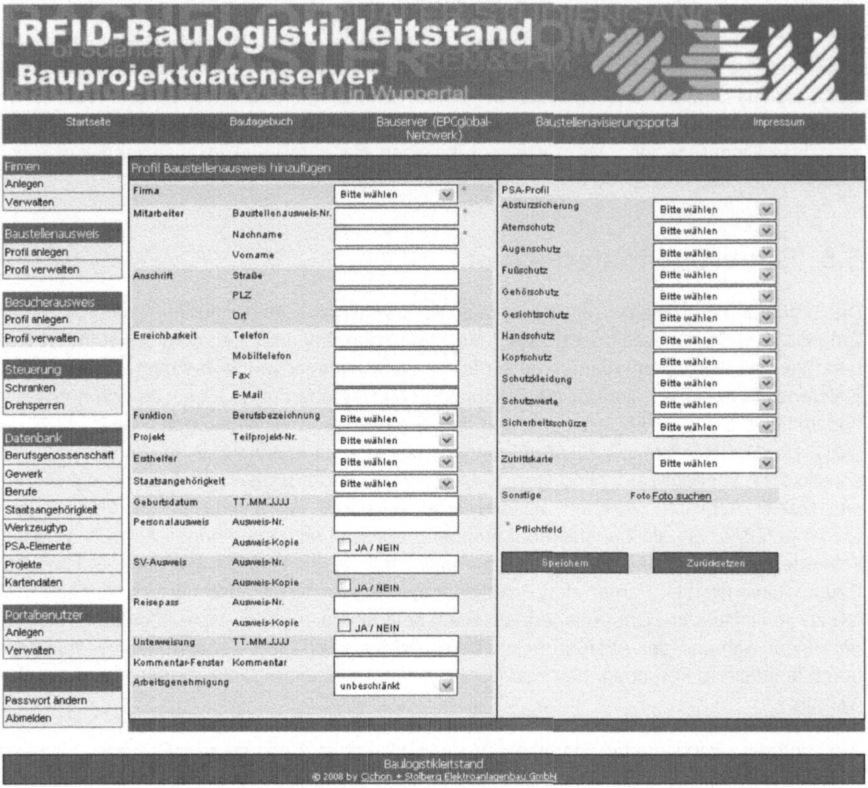

Abb. 5-10: Screenshot des Bauprojektstammdatenservers: Anlegen und Verwalten von Baustellenausweisen (leer)

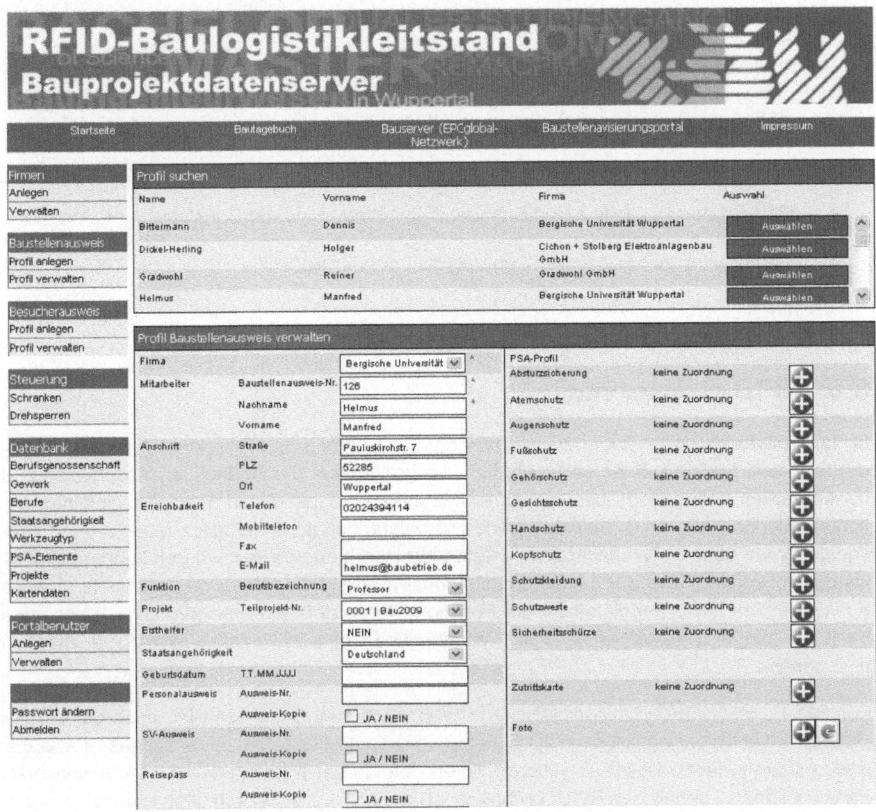

Abb. 5-11:   Screenshot des Bauprojektstammdatenservers: Anlegen und Verwalten von Baustellenausweisen (ausgefüllt)

Für ein Bauprojekt stehen damit über den *„Bauprojektdatenserver"* die Daten sämtlicher bei einem Bauvorhaben beteiligten Personen zur Verfügung. Da für jeden Firmeneintrag (auch der Zulieferer) der Auftraggeber und für jede Person der Arbeitgeber bzw. bei Besuchern die einladende Firma eingegeben werden muss, wird so eine hierarchische Darstellung aller Abhängigkeiten zwischen den Beteiligten möglich.

Die Daten aus dem *„Bauprojektdatenserver"* stehen so auch den weiteren Applikationen des *„RFID-Baulogistikleitstands"* als Stammdaten zur Verfügung, so z. B. dem *„Avisierungsportal"* oder dem DEBT etc. Außerdem ist ein Austausch mit externen Anwendungen vorstellbar, wie z. B. die Nutzung für eine Baustation (vgl. Ziff. 5.20) etc. Bei der Beschreibung dieser Komponenten wird jeweils auf die entsprechende Schnittstelle eingegangen.

Bezogen auf das Beispiel der Logistik von Stahlbetonfertigteilen würde der *„Bauprojektdatenserver"* folgende Daten enthalten:

- Stammdaten zu den beteiligten Firmen

- Stammdaten zu den beteiligten Personen

- Stammdaten zu den benötigten Baubetriebsmitteln und -geräten auf der Baustelle

- Stammdaten zu verfügbaren Zufahrten auf der Baustelle

- Stammdaten zu verfügbaren Entladehilfen / Kränen auf der Baustelle

- Stammdaten zu verfügbaren Lagerplätzen auf der Baustelle

- etc.

5.6 RFID-Bauserver

In das Leitstandkonzept integriert ist auch das im Rahmen des Projektes *„InWeMo"* entwickelte Modell, welches einen unternehmensübergreifenden, durchgängigen, lückenlosen und transparenten Informationsfluss, gewährleistet, indem präzise und in Echtzeit Objektinformationen (Eigenschafts- und Ereignis- sowie ggf. Zustandsdaten) bezüglich Material- und Personalströmen über die Wertschöpfungsstufen zur Verfügung gestellt werden können. Dieses wurde im Projekt *„InWeMo"* mittels des Demonstrators *„RFID-Bauserver"* geschildert. Seine Funktionalitäten sind angelehnt an die Funktionalitäten des *„Internet der Dinge"*-Konzeptes nach EPCglobal. Das Modell wird im Forschungsbericht zum Projekt *„InWeMo"* ausführlich beschrieben.

Für das Projekt *„RFID-Baulogistikleitstand"* von Bedeutung zu wissen ist, dass der *„RFID-Bauserver"* auf die Eingabe einer ID hin eine vollständige Liste der Eigenschafts- sowie der Ereignisdaten, die zu dieser ID gehören, liefert. Infolge der Nutzung des *„Data-on-Network"*-Prinzips können neben der RFID-Technik auch andere Auto-ID-Techniken genutzt werden. Die Voraussetzung zur Nutzung ist jedoch, dass ein eindeutiges ID-Nummernsystem angewendet wird, z. B. das für RFID-Einsatz entwickelte, zugleich jedoch auch Barcodekompatible EPC-Nummernsystem von GS1/EPCglobal. Die hierfür benötigten Daten werden den entsprechenden Datenbanken hierzu über Auto-ID-Systeme möglichst in Echtzeit zur Verfügung gestellt.

Wie dies funktionieren kann, wurde im Forschungsbericht *„InWeWo"* am Beispiel von Baustellencontainern aufgezeigt. Nachfolgender Screenshot des webbasierten *„RFID-Bauservers"* zeigt exemplarisch eine Tracking & Tracing-Liste, die aus der Event Registry zur angefragten Objekt-ID im Rahmen des Projektes *„InWeMo"* erstellt wurde.

Nr.	Lesepunkt ID	Lesepunktname	Lesepunkt PLZ+Ort	Leser Typ	Datum und Zeit	Ablaufschritt (Einfuhr/Ausfuhr)
1	4290032.00001	Albo - Tor 1	51597/ Morsbach	Feig LRU 2000	2009-09-01 09:49:11	Warenausgang
2	4290032.00004	Baustelle - Ausfahrt	50996/ Koeln	Feig LRU 2000	2009-09-01 09:49:11	Warenausgang
3	4290032.00004	Baustelle - Ausfahrt	50996/ Koeln	Feig LRU 2000	2009-09-01 09:49:11	Warenausgang
4	4290032.00004	Baustelle - Ausfahrt	50996/ Koeln	Feig LRU 2000	2009-09-01 09:49:11	Warenausgang
5	4290032.00004	Baustelle - Ausfahrt	50996/ Koeln	Feig LRU 2000	2009-09-01 09:49:11	Warenausgang
6	4290032.00004	Baustelle - Ausfahrt	50996/ Koeln	Feig LRU 2000	2009-09-01 09:49:11	Warenausgang
7	4290032.00004	Baustelle - Ausfahrt	50996/ Koeln	Feig LRU 2000	2009-09-01 09:49:11	Warenausgang
8	4290032.00004	Baustelle - Ausfahrt	50996/ Koeln	Feig LRU 2000	2009-09-01 09:49:11	Warenausgang

Abb. 5-12:   **Screenshot der Weboberfläche zum** *„RFID-Bauserver"*

Die Tracking-Daten wurden über ein RFID-LKW-Portal in Echtzeit in das System eingepflegt. Nachfolgende Abbildungen verdeutlichen das hierbei genutzte Datenflusskonzept und geben einen Eindruck vom Portal.

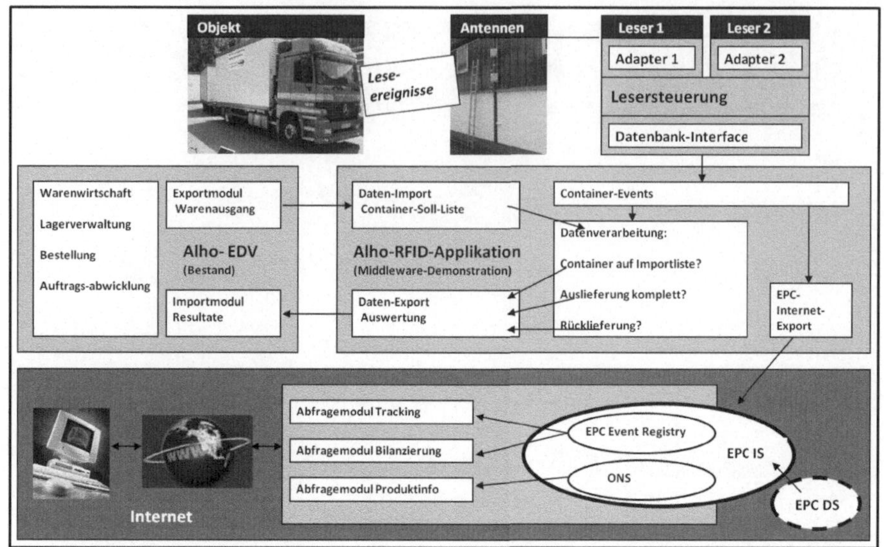

Abb. 5-13:   Datenflusskonzept „*InWeMo*" für das Beispiel Warenausgang von Baustellencontainern: vom RFID-LKW-Portal in die vernetzte Datenbank

Abb. 5-14:   RFID-LKW-Portal zur Erfassung der Warenausgangszeiten im Projekt „*InWeMo*" (Modell / Umsetzung)

Bezogen auf das Beispiel der Logistik von Stahlbetonfertigteilen würde der „*RFID-Bauserver*" folgende Daten liefern:

- vom Hersteller zur Verfügung gestellte Daten:

  o Stamm-/ Eigenschaftsdaten zu einem Stahlbetonfertigteil liefern (z. B. Herstellernr., Gütekriterien, Abmessungen, Herstelldatum, beteiligte Mitarbeiter etc.)

- o Ereignisdaten (z. B. der Zeitpunkt der Qualitätskontrolle, der Kommissionie-
    rung, der Verladekontrolle oder des Warenausgangs im Fertigteilwerk, betei-
    ligte Mitarbeiter (vgl. Ziff. 5.13)

- o optional Zustandsdaten (z. B. Betonfeuchteverlauf über die Zeit aus RFID-
    Sensoren etc.)

- optional vom Spediteur zur Verfügung gestellte Daten:

  - o Ereignisdaten (z. B. Zeiten zu Eingang und Ausgang von Umschlagplätzen,
      beteiligte Mitarbeiter etc.)

  - o optional Zustandsdaten (z. B. über GPS ermittelte Geokoordinaten zum
      Transport (vgl. Ziff. 5.14)

- vom Empfänger zur Verfügung gestellte Daten:

  - o Ereignisdaten zum Wareneingang auf der Baustelle aus der Zufahrtskontrolle
      (vgl. Ziff. 5.15) und aus der Wareneingangskontrolle, u. a. auch beteiligte Mit-
      arbeiter (vgl. Ziff. 5.16)

  - o optional Zustandsdaten (z. B. Betonfeuchteverlauf über die Zeit aus RFID-
      Sensoren etc.)

  - o Ereignisdaten zum Einbau, u. a. auch beteiligte Mitarbeiter (vgl. Ziff. 5.18)

Ein Teil der Daten werden zeitgleich dem *„RFID-Bauserver"* und dem DEBT (vgl. Ziff. 5.7) zur Verfügung gestellt, in den Systemen jedoch unterschiedlich weiter verarbeitet.

5.7 Digitales Erweitertes Bautagebuch - DEBT

Neben dem *„RFID-Bauserver"* ist für den *„RFID-Baulogistikleitstand"* eine weitere Daten-bank-Applikation von Bedeutung, in der Ereignisdaten hinterlegt und verarbeitet werden, das sog. *„Digitale Erweiterte Bautagebuch"*, kurz DEBT.

Das DEBT ist der Bestandteil des Gesamtkonzeptes, in dem das Ziel der lückenlosen Do-kumentation des Geschehens in Echtzeit am deutlichsten wird. Da die Dokumentation des Baugeschehens während der Erstellung eines Bauwerks nach Einschätzung der Verfasser zunehmend wichtiger wird, insbesondere zur Konfliktvermeidung zwischen den am Bau Be-teiligten, wurde das DEBT so entwickelt, dass es material- und personallogistische Prozesse zeitnah dokumentieren und diese Daten in verschiedenen Detaillierungsebenen den am Bau Beteiligten, je nach Berechtigungsprofil, zur Verfügung stellen kann.

Wie nachfolgende Abb. verdeutlichen soll und auch bereits unter Ziff. 5.2 dargestellt wurde, laufen in der Datenbank des DEBTs die Daten aus dem *„Bauprojektdatenserver"* und den Einzelapplikationen des *„RFID-Baulogistikleitstands"* zusammen. Auch eine Anbindung des *„RFID-Bauservers"* ist vorgesehen.

Das webbasierte DEBT kann arbeitstäglich ein Protokoll des Geschehens erzeugen, dass wie ein klassisches Bautagebuch von den Vertragspartnern unterschrieben werden kann – entweder klassisch der Ausdruck oder etwas moderner die Datei per digitaler Signatur.

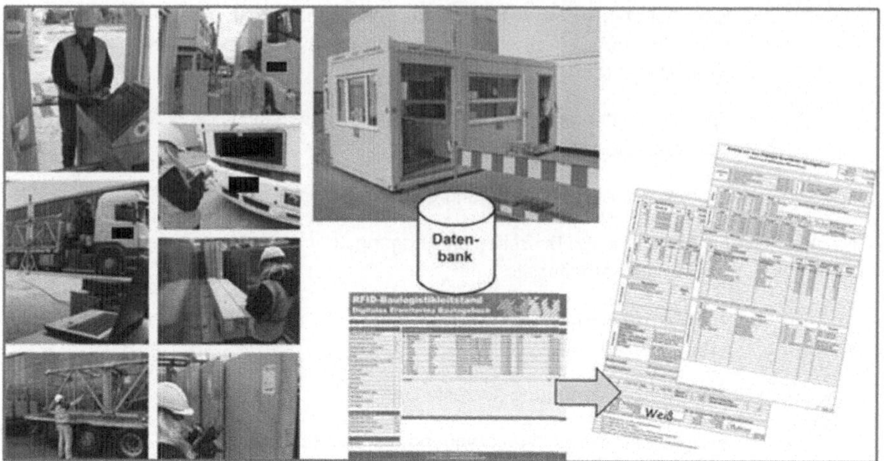

Abb. 5-15:   **Prinzip des DEBT: Von den Einzelapplikationen (links) über den RFID-Baulogistikleitstand (mitte oben) in Datenbanken (mitte), das DEBT (mitte unten) und schließlich das signierte, druckbare Bautagebuch (rechts)**

Dieses signierte und ab diesem Zeitpunkt statische Bautagebuchblatt kann dann, z. B. über Dokumentenverwaltungssoftware (sog. digitale Projekträume), den Berechtigten wiederum online zur Verfügung gestellt werden. Gleichzeitig kann eine Schnittstelle zur Dokumentenverwaltungssoftware erstellt werden, die täglich Daten zum Planlauf etc. liefert, damit diese auch in der Datenbank zum DEBT eingetragen werden können etc.

Wie nachfolgender Screenshot verdeutlicht, handelt es sich beim DEBT ebenfalls um eine webbasierte Applikation. Nachfolgende Abbildung zeigt im oberen Teil als Beispiel eine Tagesauswertung, welche Lieferungen an diesem Tag in welchem Zeitfenster angemeldet und somit erwartet wurden (avisierte Lieferungen, vgl. Ziff. 5.8) und wann diese tatsächlich eingetroffen sind (Zufahrtskontrollzeiten, vgl. Ziff. 5.15). Im unteren Teil wird zu der ausgewählten Lieferung angezeigt, aus welchen Objekten mit welchen IDs diese bestehen sollte (Material-EPC) und welche ID bei der Wareneingangskontrolle (vgl. Ziff. 5.16) festgestellt wurden.

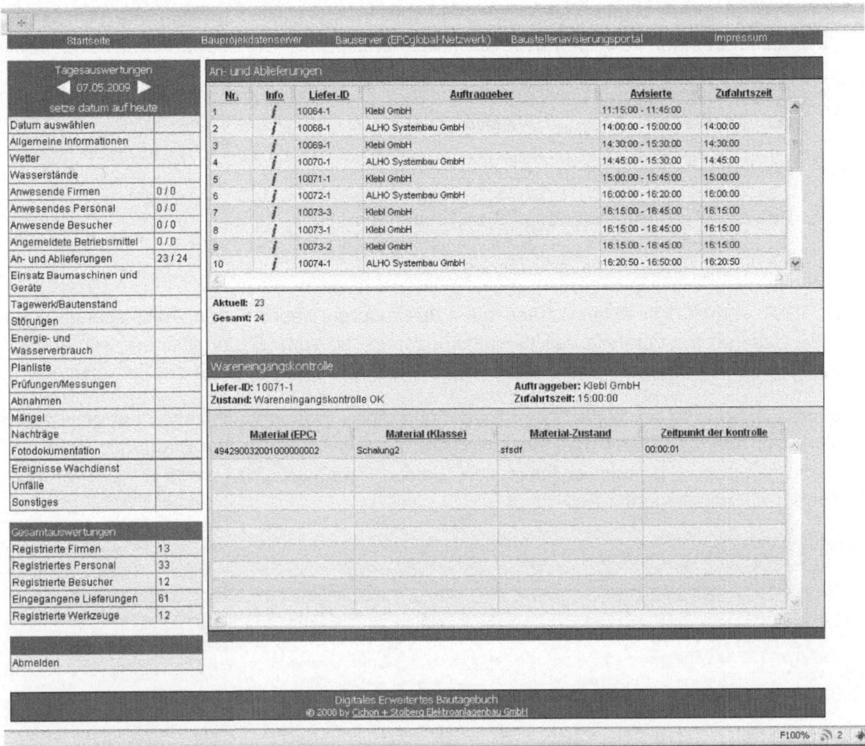

Abb. 5-16:   Screenshot DEBT: Tagesauswertung avisierte und tatsächliche Zufahrtszeiten

Im Projekt wurden folgende Einzelapplikationen, die Daten für das DEBT liefern, an dieses angekoppelt:

- Import der Projektdaten aus dem *„Bauprojektdatenserver"* (vgl. Ziff. 5.5)

- Zeiterfassung aus kombinierten Zutritts- und PSA-Kontroll-System (vgl. Ziff. 5.21)

- Zeiterfassung aus Zufahrtskontrollsystem (vgl. Ziff. 5.15)

- Import der Soll-Lieferdaten sowie der Wareneingangskontrolldaten aus einem RFID-Handleser (vgl. Ziff. 5.16)

- Import der Registrierungsdaten für Baubetriebsmittel und Werkzeuge (vgl. Ziff. 5.19)

Außerdem können für folgende Ereignisse in getrennten Rubriken Bemerkungen eingetragen und entsprechende Dokumente *„angehängt"* werden:

- Mängel, Nachträge, Störungen, Abnahmen, Messungen / Prüfungen, Plan- / Unterlageneingang, Fotodokumentation, Unfälle, Ereignisse Wachdienst, Sonstiges

Für folgende Daten sind Rubriken / Schnittstellen vorgesehen:

- Erfassung des Bautenstandes (Schnittstelle zum Projekt „IntelliBau" der TU Dresden soll in etwaigen Folgeprojekten entwickelt werden)

- ID-gebundener Export von Ereignisdaten, z. B. Wareneingangszeiten, in das System zum Internet der Dinge („RFID-Bauserver")

- Wetterdatenerfassung

- Erfassung von Pegelständen / Pumpleistungen

- Erfassung von Energieverbräuchen

Das DEBT enthält, wie entsprechend auch die anderen webbasierten Applikationen, Links auf die weiteren Bestandteile des Gesamtkonzeptes, so zum „Bauprojektdatenserver", zum „RFID-Bauserver" und zum „Baustellenavisierungsportal" (vgl. Kopfzeile der Screenshots).

Unabhängig von der arbeitstäglichen Erzeugung eines Bautagebuchblattes hat der berechtigte Nutzer über das DEBT die Möglichkeit, in Echtzeit Einblick in den Stand des Bauvorhabens zu nehmen, z. B. kann er feststellen, welche Personen sich gerade auf der Baustelle befinden, wie nachfolgende Abb. zeigt.

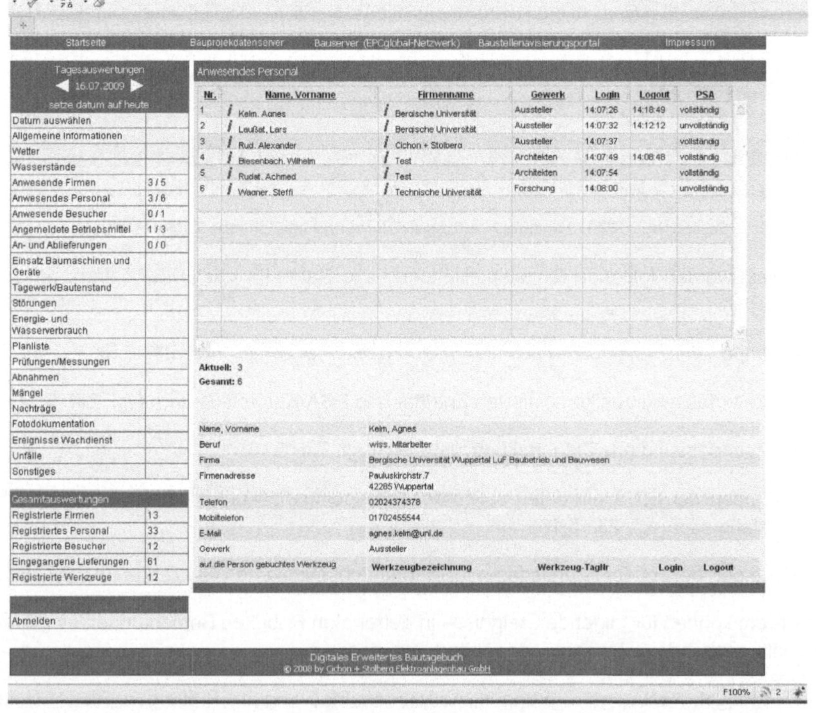

Abb. 5-17:   Screenshot DEBT: Anzeige des aktuell anwesenden Personals

Bezogen auf das Beispiel der Logistik von Stahlbetonfertigteilen würde das DEBT folgende Daten enthalten:

- aus dem *„Avisierungsportal"* unter Nutzung der Daten aus dem *„Bauprojektdatenserver"* (vgl. Ziff. 5.8:

  - o ID der Gesamtlieferung (Liefer-ID)

  - o Art der Ladung

  - o bestellende Firma (inkl. Kontaktdaten der Firma und des Ansprechpartners)

  - o Lieferfirma (inkl. Kontaktdaten der Firma und des Ansprechpartners)

  - o avisierte Anlieferzeit

  - o LKW-Typ

  - o Nr. der Zufahrt zur Baustelle

  - o Entladeort auf Baustelle

  - o Lagerort auf Baustelle

  - o etc.

- aus dem vom Lieferanten übermittelten elektronischen Lieferscheindaten zur Liefer-ID (vgl. ebenfalls Ziff. 5.8):

  - o Soll-Lieferumfang inkl. der ID der Objekte

  - o optional Daten zur Spedition und optional zum Fahrer

  - o Kennzeichen des LKW

  - o etc.

- über den *„RFID-Bauserver"* (nach Bekanntgabe der ID, vgl. Ziff. 5.6):

  - o Stammdaten zu den Lieferobjekten (ggf. verknüpft zu Positionsnummern der Planung)

  - o Ereignisdaten zu den Lieferobjekten (z. B. Warenausgang Lieferant)

  - o optional Zustandsdaten zu den Lieferobjekten (z. B. aktuelle Geokoordinaten aus einem GPS-Tracking oder Betonfeuchtedaten aus RFID-Sensoren)

- über Anbindung der Systeme der Spedition (vgl. Ziff. 5.14):

  - o Ereignisdaten über den Transport vom Lieferanten zur Baustelle (z. B. aktuelle Geokoordinaten aus einem GPS-Tracking)

  - o Zustandsdaten zu den Lieferobjekten (z. B. Betonfeuchtedaten aus RFID-Sensoren)

- aus der Zufahrtskontrolle (vgl. Ziff. 5.15):

- o   tatsächliche Anlieferzeit

  - o   Abfahrtszeit des LKW

- aus der Wareneingangskontrolle (vgl. Ziff. 5.16):

  - o   Soll/Ist-Vergleich zum Lieferumfang

  - o   Baustellenausweisnummer des Wareneingangskontrolleurs

- Daten zu Ort und Zeitpunkt des Einlagerns bzw. des Einbaus inkl. Baustellenausweisnummern der beteiligten Personen etc.

Ein Teil der Daten wird zeitgleich dem *„RFID-Bauserver"* (vgl. Ziff. 5.6) und dem DEBT zur Verfügung gestellt, in den Systemen jedoch unterschiedlich weiter verarbeitet.

5.8   Baustellenavisierungsportal

Ein weiterer Bestandteil des Gesamtkonzeptes, bei dem es sich um eine webbasierte Anwendung handelt, ist das sog. *„Baustellenavisierungsportal"*. Mit diesem können Abrufe getätigt und Anlieferorte und -zeitpunkte festgelegt werden. Es ist damit ein wertvolles Hilfsmittel für die Baulogistikkoordination.

Denn die Organisation der Vielzahl der während der Erstellung eines Bauvorhabens auftretenden Transporte stellen große Herausforderungen an die Baulogistiker. Insbesondere bei innerstädtischen Großbaustellen mit nur wenigen Pufferzonen spielt eine Koordination der Transporte eine bedeutende Rolle. Häufig werden die Transporte per Telefon von den Baustellen bei den Lieferanten angemeldet. Falls mehrere Bauleiter/Poliere für ihre jeweiligen Bauabschnitte Transporte gleichzeitig bestellen, kann es zu Überbuchungen der Zufahrten zur Baustelle, der Entladezonen, der Pufferzonen etc. kommen. Die Folge sind Rückstaus und somit Chaos rund um innerstädtische Baustellen.

Im Rahmen des Forschungsprojektes wurde mittels eines internetbasierten *„Baustellenavisierungsportals"* sicher gestellt, dass Transporte koordiniert über eine zentrale Plattform gebucht werden. Erste Ansätze bzgl. einer solchen Plattform bestehen bereits seitens der Bauserve GmbH und seitens der Streif Baulogistik GmbH. Mit der Applikation geht ein neuer, da standardisierter Workflow einher, der das Zusammenwirken der an einem Abruf beteiligten Personen völlig neu gestaltet.

Das *„Baustellenavisierungsportal"* kann auf der Baustelle stationär in einem Büro, im Freien an einem Outdoor-Avisierungsterminal oder aber auch mobil aufgerufen und genutzt werden. Zudem kann es natürlich von jedem Büro des abrufenden Unternehmens aus genutzt werden.

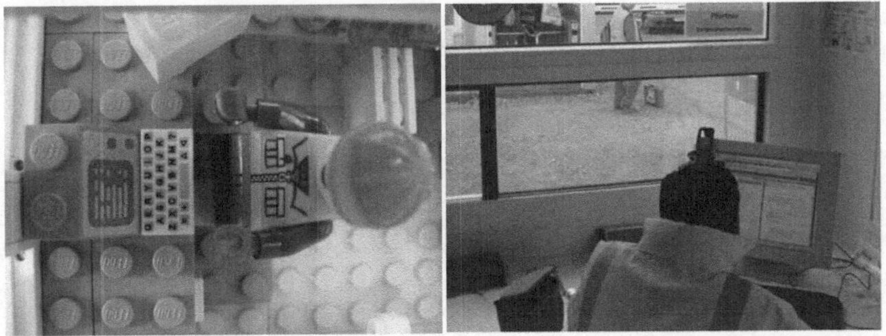

Abb. 5-18: Baustellenavisierungsportal zur Online-Transportanmeldung: Indoor-Variante (Modell / Umsetzung) (eigene Aufnahme)

Abb. 5-19: Baustellenavisierungsportal zur Online-Transportanmeldung: Outdoor-Variante am *„RFID-Baulogistikleitstand" (eigene Aufnahme)*

Mit dem Abruf über das Avisierungsportal beginnt mit Blick auf die externe Versorgungslogistik der Baustelle der baulogistische Kernprozess. Die Nutzung des *„Baustellenavisierungsportals"* gestaltet sich dabei wie folgt:

Nach dem Einloggen auf der Internetplattform kann durch den eine Lieferung Abrufenden die zu beliefernde Baustelle ausgewählt werden. Es öffnet sich ein Formular, in das die notwendigen Angaben zum Abruf eingetragen werden. Hierzu stehen tlw. Auswahllisten zur Verfügung, die aus den Daten des *„Bauprojektdatenservers"* erstellt werden. Nach Eingabe in das Formular wird der Abruf bei dem entsprechenden Lieferanten inklusive der Vorgabe eines Ankunftszeitfensters getätigt, indem das Portal in diesem Moment automatisiert eine E-Mail erzeugt, mittels der der entsprechende Lieferant über den vorliegenden Abruf informiert und der Workflow angestoßen wird.

Der Lieferant kann sich dann nach Anklicken eines Links in der E-Mail in einem sich öffnenden Browser-Fenster entscheiden, ob er den Abruf zu den angegebenen Bedingungen annehmen kann oder nicht. Bei Ablehnung des Abrufs wird wiederum die Baustelle per E-Mail informiert und ggf. müssen telefonische Abstimmungen zum Termin erfolgen. Bei Annahme wird der Lieferant dazu aufgefordert, die Anzahl der für diese Bestellung benötigten Fahrzeuge anzugeben. An diesem Punkt setzt die Optimierung durch Einsatz einer Auto-ID-Technik ein. Je Fahrzeug wird von der Internet-Plattform auf einem auszudruckenden Zugangsschein eine sog. Liefer-ID erzeugt, in Klarschrift und umgewandelt in einen Barcode.

Nach Abschluss der Bestätigung des Abrufs wird die Baustelle informiert, die die IDs zusammen mit den Zeitfenstern ihrem Zufahrtskontrollsystem zur Verfügung stellen kann.

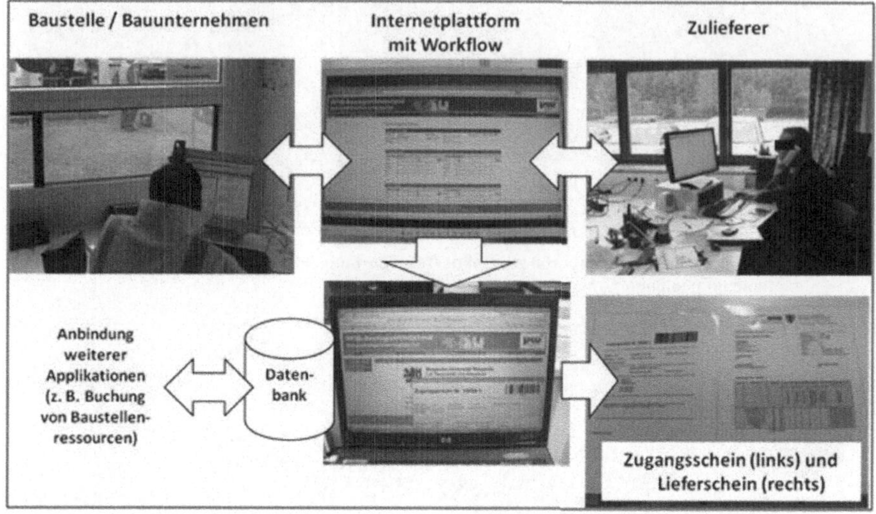

Abb. 5-20:   Prinzip des *„Baustelleavisierungsportals"*: Webbasierter Workflow mit vernetzten Datenbanken und dem Ausdruck des Zugangsscheins als greifbares Ergebnis für den Zulieferer

Vor Eintreffen der Lieferung erhält der Besteller vom Lieferanten zudem in Form elektronischer Lieferdaten die Stückliste der zu erwartenden Lieferung zusammen mit den IDs, die auf den Objekten der Lieferung aufgebracht sein werden. Diese Soll-Lieferliste kann der Besteller dann im Rahmen der Wareneingangskontrolle nutzen.

Abb. 5-21: *„Baustellenavisierungsportal"* **zur Online-Transportanmeldung: Screenshot**

http://132.195.71.135/zugangsschein.php?bestellnr=10100&lieferid=3

Zugangsschein Nr. 10100-3

10100 3

Bestell-Nr.:   10100   Lieferdatum: 05.06.2009   Transport-Art: Anlieferung
Bestelldatum: 03.06.2009   Uhrzeit von/bis: 06:00:00 - 09:00:00
Baustelle: Thyssen Krupp
                 Essen

LKW-Typ   Lkw über 12 t   Kran/Selbstentlader: Selbstentlader
Zufahrt: Zufahrt 1   Lagerung: Erforderlich   Ladezone: Ladezone 2

Auftraggeber: ThyssenKrupp Real Estate
                    Altendorferst. 120
                    45143 Essen
Ansprechpartner: Besteller TK
                    0202/4394109

Bestellung: 2 Bürocontainer 2 Magazincontainer 2 Mannschaftscontainer

Zugangsschein drucken

Abb. 5-22: *„Baustellenavisierungsportal"* **zur Online-Transportanmeldung: Zugangsschein**

Bezogen auf das Beispiel der Logistik von Stahlbetonfertigteilen werden durch das *„Baustellenavisierungsportal"* die folgenden Daten zusammengetragen und den weiteren Applikationen zur Verfügung gestellt. Hierbei werden einige Daten unter Zuhilfenahme des *„Bauprojektdatenservers"* mittels Auswahlmenüs eingepflegt, um die einzelnen Prozessschritte in den Workflows zu beschleunigen:

- unter Nutzung der Daten aus dem *„Bauprojektdatenserver"* (vgl. Ziff. 5.51):

    o Baustelle

    o Besteller (Firma und Person)

    o Lieferant (Firma und Person)

- als direkte Eingaben in die Online-Formulare des *„Baustellenavisierungsportals"*:

    o Umfang des Abrufs (möglichst kurze, aber eindeutige Beschreibung im Freitext)

    o Lieferzeitfenster

    o optional Baustellenzufahrt

    o optional Entladezone auf Baustelle

    o optional Einlagerort auf Baustelle

    o Anzahl der Teillieferungen

- als Ergebnis des Avisierungsprozesses:

    o Liefer-ID zu jeder Teillieferung

Als elektronische Lieferdaten werden später, jedoch vor Eintreffen der Lieferung auf der Baustelle ergänzt:

- Eine genaue Stückliste zur Lieferung unter Angabe der ID der Lieferobjekte

- optional Kennzeichen des LKW und weitere Angaben der Spedition

- etc.

5.9 Disposition (Zulieferer): LKW und Transporthilfsmittel

Nach der Zusage einer Lieferung über das *„Baustellenavisierungsportal"* muss der Zulieferer sich im Rahmen der Disposition darum kümmern, dass ein LKW und ggf. die entsprechenden Transporthilfsmittel für den Transport zur Verfügung stehen. Um eine optimal funktionierende Transportlogistik zur effektiven Abwicklung insbesondere der Transporte über externe Speditionen sicher zu stellen, ist es wichtig, auch die Transportlogistik in den Gesamtprozess zu integrieren. Somit wird eine Anbindung der Systeme der Speditionen sinnvoll.

Durch Nutzung der Daten aus dem Telematikeinsatz der Speditionen auch für die weiteren am Bau Beteiligten können Transportkosten gesenkt, eine lückenlose digitale Qualitätsdokumentation gewährleistet sowie Planungssicherheit und Transparenz der Baustellentransporte durch eine Onlineübertragung von Statusdaten der Fahrzeuge erhöht werden. Dies ermöglicht es dem Disponenten, die Transporte kostenoptimal abzuwickeln und nötigenfalls zu jedem Zeitpunkt lenkend einzugreifen.

Durch die Eingliederung der Telematiklösungen in die bestehende SAP-Landschaft können vermeidbare manuelle Arbeitsschritte soweit möglich eingespart und der Zeitbedarf und Arbeitsaufwand zur Auftragsabwicklung reduziert werden. Die verwendete Dispositionssoftware sollte internetbasiert sein und dem Disponenten die Möglichkeit bieten, seine Fahrzeuge von jedem Arbeitsplatz mit Internetzugang aus zu verwalten.

In diesem Zusammenhang ist auch eine Auto-ID-basierte Verwaltung von Transporthilfsmitteln vorstellbar, ggf. gekoppelt an Pfandsysteme, wie z. B. bei der sog. Euro-Palette. Im Fall der Nutzung von Innenlader-Paletten / Bauteilträgern für Stahlbetonfertigteile könnten diese Paletten, bei denen es sich um sog. Mehrwegtransportbehälter handelt, z. B. mittels RFID-Tags gekennzeichnet werde.

Durch Ausstattung von Zugmaschinen mit RFID-Lesern, die ggf. an das i. d. R. vorhandene GPS- / Telematik-System gekoppelt werden, sowie zusätzlicher Ausstattung auch der Innenlader-Auflieger mit RFID-Tags, könnte die Verwaltung von Mehrwegtransportbehältern und die zugehörige Abrechnung stark automatisiert werden. Auch ist hier eine Verringerung des Schwunds, der verbreitet als Problem geschildert wurde, zu erwarten. Hierauf wird unter Ziff. 5.14 i. V. m. einem möglichen Waren- und LKW-Tracking noch eingegangen. Somit würde ohne großen Mehraufwand auf Seiten der Spedition auch eine digitale Verwaltung von LKW-Aufliegern etc. möglich.

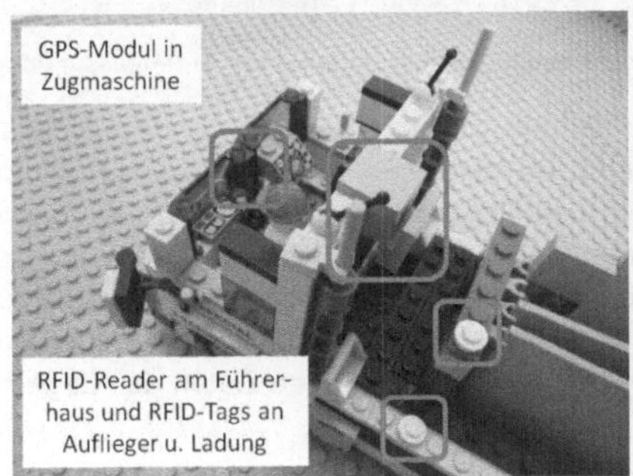

Abb. 5-23: **Erweiterung der LKW-Technik um einen RFID-Leser zur Erkennung des Innenlader-Aufliegers und des Bauteilträgers (Modell / Umsetzung) (eigene Aufnahme)**

5.10 Kommissionierung / Lagerplatzverwaltung mittels Auto-ID-Handlesern (Bauhof)

Da auch die Kommissionierung und die Lagerplatzverwaltung auf dem Bauhof durch Einsatz von Auto-ID-Technik unterstützt werden können, sind im Gesamtkonzept auch diese im Demonstrator-Container selbst nicht abbildbaren Prozesse enthalten. Sie knüpfen an die vorgelagerten, ebenfalls durch Auto-ID-Technik unterstützbaren Prozesse der Produktion an.

Es wird angenommen, dass während der Produktionsprozesse die Objekte mit Auto-ID-Kennzeichnungsträgern ausgestattet worden sind. Es wird ferner angenommen, dass die produzierten Objekte auf ebenfalls mit Auto-ID-Technik gekennzeichnete Lagerplätze gelegt worden sind und in einem Lagermanagementsystem die Verknüpfung der Objekt-ID mit der Lagerplatz-ID hergestellt worden ist, bevor mit der Kommissionierung begonnen wird.

Abb. 5-24:   **Verbuchen von Stahlbetonfertigteilen auf einen Lagerplatz mittels Auto-ID-Handleser (Modell / Umsetzung) (eigene Aufnahme)**

Vor der Kommissionierung der Ware wird durch ein zentrales Kommunikationssystem ein entsprechender Soll-Verladeschein je Fahrzeug erstellt. Hierbei wird u. a. auf die über das *„Baustellenavisierungsportal"* vereinbarten Daten zurückgegriffen, so dass der Kommissionierungsprozess an die spätere Liefer-ID gekoppelt werden kann. Die Soll-Verladedaten und damit die Kommissionierdaten werden, z. B. über W-LAN, auf einen für die Kommissionierung eingesetzten RFID- oder Barcode-Leser aufgespielt, der mit den Daten des Lagermanagementsystems synchronisiert wird.

Für die Kommissionierung kann ein nummerierter Kommissionierplatz vorgesehen werden. Auf diesen wird im Beispiel der Fertigteillogistik der LKW-Auflieger bzw. eine Transportpalette / ein Bauteilträger abgestellt.

Abb. 5-25: Buchen einer leeren Transportpalette für Innenlader-LKW auf den nummerierten Kommissionierplatz (Modell / Umsetzung) (eigene Aufnahme)

Mittels des o. g. im Lagerbereich genutzten Handlesers werden die Fertigteile, die nach Entnahme von einem Lagerplatz am Kommissionierplatz ggf. zusammen mit Transporthilfsmitteln wie z. B. Paletten, zu sog. Versandeinheiten zusammengestellt wurden, erfasst.

Hierdurch können die standardisierten Objekt-IDs auf Produkt- oder Verpackungsebene zusammen mit der ID der Transporthilfsmittel zu einer Kennzeichnungsnummer auf Versandebene aggregiert werden. Die Kennzeichnungsnummer auf Versandebene beinhaltet somit die Kennzeichnungsnummern auf Produkt- und Verpackungsebene. Diese werden wiederum mit der Liefer-ID, die über das *„Baustellenavisierungsportal"* vergeben wurden, verknüpft.

Abb. 5-26: Kommissionierungskontrolle von Stahlbetonfertigteilen auf einer Transportpalette mittels Auto-ID-Handleser (Modell / Umsetzung) (eigene Aufnahme)

Am Ende des Kommissionierprozesses stehen die für die Verladekontrolle, den Warenausgang und die für die spätere Wareneingangskontrolle benötigten Daten zur Verfügung, die als elektronische Lieferdaten nun auch dem Empfänger zur Verfügung gestellt werden können (vgl. Ziff. 5.16).

Die Verladekontrolle, d. h. die Zuordnung von Versandeinheit zu Transportfahrzeug, kann mittels Handleser ggf. im gleichen Prozess stattfinden, wie nachfolgend noch erwähnt wird.

5.11 Verladekontrolle mittels LKW-RFID-Leser

Nach der Kommissionierung müssen, wenn eine lückenlose Rückverfolgbarkeit erwünscht ist, die Versandeinheiten im Rahmen der Verladekontrolle noch den entsprechenden Transportfahrzeugen zugeordnet werden. Hierzu kann mittels Auto-ID-Technik das Fahrzeug mit der Versandeinheit verknüpft werden, wenn auch das Fahrzeug identifizierbar ist. Nachfolgend wird dies für das Beispiel der Stahlbetonfertigteile, die einem Bauteilträger (Innenlader-Palette) zugeordnet sind, verdeutlicht.

Bei Nutzung einer Innenlader-Palette (Bauteilträger) kann die Verladekontrolle so gestaltet werden, dass ein RFID-Leser am Fahrerhaus, der zuvor schon den Auflieger anhand eines RFID-Tags erkannt und der Zugmaschine zugeordnet hat, nun auch den RFID-Tag an dem Bauteilträger erfasst. So kann automatisiert überprüft werden, ob die richtige Palette geladen wurde. Über das EDV-System des Zulieferers kann auch der Inhalt dieser Versandeinheit verknüpft werden.

Abb. 5-27:   **Kontrolle der Aufnahme eines mit RFID gekennzeichneten Bauteilträgers durch einen Innenlader mittels RFID-LKW-Leser (Modell / Umsetzung) (eigene Aufnahme)**

Nach der Verladekontrolle mittels RFID-Handleser stehen im EDV-System der Spedition die Daten zur Versandeinheit i. V. m. dem Zeitpunkt des Ladens verknüpft mit der Liefer-ID bereit und können z. B. über den *„RFID-Bauserver"* den Partnern zur Verfügung gestellt werden. Die zugehörigen Ortsangaben stammen aus dem GPS-System.

5.12 Verladekontrolle mittels Auto-ID-Handleser

Alternativ ist auch eine Zuordnung der Ladung zum Fahrzeug mittels Handleser möglich. Die Verladekontrolle mittels Handleser kann zudem mit dem Prozess der Kommissionierungskontrolle verknüpft werden.

Abb. 5-28:   Kontrolle der richtigen Zuordnung von Ladung und LKW mittels Handleser (Modell / Umsetzung) (eigene Aufnahme)

In diesem Fall bietet es sich zudem an, auch die Ladungssicherungselemente, wie z. B. Spanngurte, über Auto-ID-Technik zu erfassen und automatisiert auf ihre Nutzbarkeit hin zu prüfen. Hierzu statten erste Hersteller ihre Ladungssicherungs- und Lastaufnahmemittel bereits mit RFID-Tags aus.

Nach der Verladekontrolle mittels RFID-Handleser stehen im EDV-System des Zulieferers die Kommissionierdaten i. V. m. dem Zeitpunkt der Verladekontrolle verknüpft mit der Liefer-ID bereit und können z. B. über den *„RFID-Bauserver"* den Partnern zur Verfügung gestellt werden. Die zugehörigen Ortsangaben werden über die Nummer der Leseeinheit festgelegt.

5.13 Verlade- und Warenausgangskontrolle mittels RFID-LKW-Portalen

Um die Verladekontrolle verbunden mit der Warenausgangskontrolle und der Dokumentation des Zeitpunktes des Warenausgangs durchführen zu können gibt es bei großformatigen, gleichartigen Objekten oder aber auch bei vorangegangener Kontrolle der Kommissionierung zu Versandeinheiten und einer Zuordnung zu Ladungsträgern weiterhin die Möglichkeit, ein Portal bestehend aus stationären RFID-Lesern und Antennen zu installieren und somit die Kontrolle während der Durchfahrt von LKW- und Ladung weitestgehend automatisiert durchzuführen. Dies wurde im Projekt *„InWeMo"* am Beispiel von Baustellencontainern bzw. Systembaumodulen verdeutlicht (vgl. Auch Ziff. 5.6).

Im Rahmen vorliegenden Projektes wurde gezeigt, dass ein solches Portal bei einer Durchfahrt auch Zugmaschine, angekoppelten Auflieger und geladenen Bauteilträger erfassen kann.

Abb. 5-29:   Erfassung von Zugmaschine, Auflieger und Bauteilträger mittels RFID-LKW-Portal beim Warenausgang des Zulieferers (Modell / Umsetzung) (eigene Aufnahme)

In den meisten Fällen bietet sich allerdings die oben beschriebene Durchführung der Kontrollen im Zusammenhang mit der Kommissionier- und Verladekontrolle mittels Handlesern an, da bei einer Vielzahl von Zulieferern unterschiedliche Arten von Material transportiert werden.

Nach der Verladekontrolle mittels RFID-LKW-Portal stehen im EDV-System des Zulieferers die Kommissionierdaten i. V. m. dem Zeitpunkt des Warenausgangs verknüpft mit der Liefer-ID bereit und können z. B. über den *„RFID-Bauserver"* den Partnern zur Verfügung gestellt werden. Die zugehörigen Ortsangaben ergeben sich aus dem Standort des LKW-Portals, welcher der Nummer der Leseeinheit zugeordnet werden muss.

5.14 Waren- und LKW-Tracking mittel GPS und RFID im LKW

Nutzt die Spedition die in ihren LKW vorhandenen GPS- / Telematik-Systeme, so können während der Fahrt zur Baustelle die Geokoordinaten stets aktuell zur Verfügung gestellt werden. Heute können an diese Telematik-Systeme auch Auftragsverwaltungssysteme der Speditionen angebunden werden. Über den digitalen Fahrtenschreiber i. V. m. einer Ausweiskarte des Fahrers ist zudem bekannt, welche Person den LKW steuert. Diese Systeme werden im Rahmen des Forschungsprojektes als verfügbar vorausgesetzt.

Neu ist der Ansatz, dass diese Systeme mit RFID-Lesern in der Zugmaschine und ggf. auch im Auflieger ergänzt werden. Denn besäße der LKW über die o. g. Systeme hinaus auch ein RFID-System zur Erfassung von Auflieger und Versandeinheiten, z. B. Bauteilträgern, so könnten zusätzlich zu den Geokoordinaten auch Daten über die Ladung zur Verfügung gestellt werden. Somit kann stets Auskunft erteilt werden, wo sich eine Lieferung gerade befindet und wann mit der Ankunft zu rechnen ist.

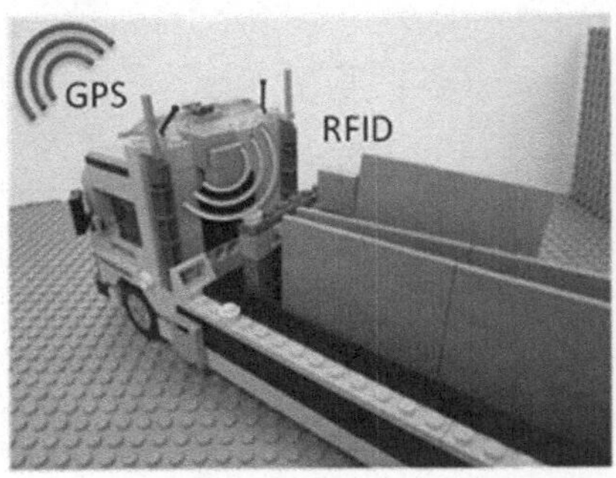

Abb. 5-30:   Tracking von LKW samt Auflieger, Bauteilträger und (verknüpfter) Ware mittels GPS und RFID am LKW (Modell / Umsetzung) (eigene Aufnahme)

Wird ein Bauteilträger abgestellt, so wird der RFID-Leser am LKW aufhören diesen weiter zu erkennen und somit ist der Ort der Selbstentladung und damit der neue Standort des Bauteilträgers, also die Baustelle, bekannt. Auf diesem Weg sollte auch das Bauteil- bzw. Palettenmanagement stark vereinfacht werden können und der Schwund an Bauteilträgern abnehmen.

5.15 Zufahrtskontrolle (Baustelle)

Für die Zufahrtskontrolle auf der Baustelle können ähnliche Systeme wie bei der Warenausgangs- bzw. Verladekontrolle des Zulieferers vorstellbar, also RFID-Portale, Kennzeichenerfassungssystem, mobile Auto-ID-Geräte etc. eingesetzt werden.

Im Rahmen des Forschungsprojektes wurde verbunden mit dem *„Baustellenavisierungsportal"* (vgl. Ziff. 5.8) jedoch eine Lösung gewählt, die sich unabhängig von der Verbreitung der RFID-Technik kurzfristig umsetzen lässt. Hierbei werden die Fahrzeuge mittels der Liefer-ID identifiziert, die in Form eines Barcodes auf dem o. g. Zufahrtsberechtigungsschein gedruckt ist. Die Kontrolle erfolgt in einer Säule ähnlich wie in jedem Parkhaus, in die ein Barcodeleser, eine Gegensprech- und eine Signalanlage eingebaut sind. Diese ist mit einer Datenbank verbunden, über die die Avisierungsdaten zur Verfügung gestellt werden. Die von ihr erfassten Daten werden wiederum dem DEBT zur Verfügung gestellt.

Kontrolliert wird zuvor, ob das avisierte Zeitfenster eingehalten wurde und der „gebuchte" Entladeplatz frei ist. Die Kontrolle kann sowohl bei der Zufahrt als auch bei der Ausfahrt durchgeführt werden. Nach erfolgreicher Kontrolle wird ein Ampelsignal auf „grün" geschaltet oder die Schranke öffnet sich.

Abb. 5-31: Zufahrtskontrolle durch Barcode-basierte Liefer-ID (Modell / Umsetzung Prototyp 1) (eigene Aufnahme)

Ist eine solche stationäre Lösung in Form einer Säule nicht möglich, kann alternativ auch der Pförtner die Zufahrtsberechtigung kontrollieren, in dem die Liefer-ID mittels mobilem Barcodeleser eingescannt wird oder aber das LKW-Kennzeichen mit den Angaben aus den elektronisch vom Zulieferer zur Verfügung gestellten Lieferdaten abgeglichen wird, in denen ebenfalls Liefer-ID und avisiertes Zeitfenster etc. enthalten sind.

Abb. 5-32: Mobile Zufahrtskontrolle mit RFID (Modell / Umsetzung) (eigene Aufnahme)

Es ist vorgesehen, dass bei Registrierung der Zufahrt die Person, die die Ware entgegenzunehmen hat, automatisiert, z. B. per SMS, informiert wird. Für Störfälle etc. ist die Gegensprechanlage eingebaut, mit der Kontakt zum Pförtner / Datenverantwortlichen aufgenommen werden kann.

5.16 Warenein- und -ausgangskontrolle (Baustelle)

Hat eine Lieferung die Zufahrtskontrolle passiert oder ist an der Baustelle angekommen, muss diese von einer verantwortlichen Person in Empfang genommen werden. Hier sollte ein Abgleich der Lieferung mit den Angaben auf dem Lieferschein erfolgen, der dann zu signieren ist. In der Praxis ist bei Warenein- und Warenausgangskontrollen zu beobachten, dass die Durchführung des Soll/Ist-Abgleichs zwischen Lieferschein und an- bzw. ausgelieferter Ware oft schwierig ist, z. B. wenn die Ware aus ähnlichen Teilen besteht und per Augenmaß nur schwer zu erfassen ist. Die Folge ist häufig ein Abzeichnen der Lieferscheine ohne tatsächliche Kontrolle, teilweise mit ungutem Gefühl, zum Teil routiniert ohne Bewusstsein, dabei fahrlässig zu handeln.

Das Konzept des *„RFID-Baulogistikleitstands"* sieht daher vor, dass diese Wareneingangskontrolle durch einen Auto-ID-Handleser unterstützt wird, der den quantitativen Abgleich vornimmt. Hierzu wird mit dem Handleser der Liefer-ID-Barcode auf dem Zufahrtsschein gescannt. Hierdurch wird der richtige Soll-Lieferdatensatz aus den elektronischen Lieferdaten aufgerufen. Sodann werden alle gelieferten Objekte gescannt, entweder per RFID oder per Barcode. Zudem wird der Baustellenausweis der kontrollierenden Person gescannt, und ggf. zusätzlich zur schriftlichen Unterschrift über den Ausweis eine qualifizierte elektronische Signatur abgegeben. Optional können zum Datensatz einer Eingangskontrolle auch Fotos, die mit dem gleichen Gerät aufgenommen werden können, gespeichert werden, z. B. um Transportschäden zu dokumentieren.

Sofort nach Durchführung der Wareneingangskontrolle können die Daten dem *„RFID-Bauserver"* und dem DEBT und somit allen Berechtigten zur Verfügung gestellt werden und so nachgelagerte Workflows, wie z. B. die Rechnungsstellung, ohne Zeitverlust angestoßen werden.

Abb. 5-33:   **Wareneingangskontrolle beim bzw. nach dem Entladen auf der Baustelle (Modell / Umsetzung) (eigene Aufnahme)**

Bei der Rücklieferung von z. B. Mietmaterial von der Baustelle zurück zum Lieferanten kann die Warenausgangskontrolle in Anlehnung an die bereits oben beschriebene Vorgehensweise durchgeführt werden.

5.17 Lagerplatzverwaltung (Baustelle)

Das Konzept des *„RFID-Baulogistikleitstands"* sieht vor, dass nach der Wareneingangskontrolle die gelieferten Objekte zunächst auf Lagerplätzen zwischengelagert werden. Hier ist ein Auto-ID-unterstütztes Lagermanagementsystem wie beim Zulieferer vorstellbar. Auch hier könnten dann per Handleser die Objekte und zugehörige Lagerplatznummern gescannt bzw. Eingegeben werden.

Abb. 5-34:   **Lagerverwaltung auf der Baustelle (Modell / Umsetzung) (eigene Aufnahme)**

Da Material auf Baustellen oftmals jedoch nicht gekennzeichneten Lagerplätzen zugeordnet werden kann, ist eine weitere vorstellbare Lösung die, dass anstelle eines Lagerplatzes der Baustellenausweis der Person gescannt wird, die ab diesem Zeitpunkt für die Lieferung bzw. für Teile der Lieferung verantwortlich ist. Anstelle von Lagerplätzen wären auf der Baustelle dann die Personen als logistische Knoten anzusehen. Der Materialfluss wäre dann nicht an ein Gefüge von Orten gebunden, sondern an das Gefüge der auf der Baustelle tätigen Personen. Ein ähnliches Konzept wird verfolgt bei der Werkzeugregistrierung, die unter Ziff. 5.19 geschildert wird.

5.18 Einbaukontrolle

Entlang der materiallogistischen Prozesskette wurde im Rahmen des Projektes *„RFID-Baulogistikleitstand"* die Einlagerung auf der Baustelle bzw. das Ablegen am Einbauort als letzter logistischer Prozess definiert. Der anschließende Prozess der Einbaukontrolle wurde innerhalb der ARGE RFIDimBau vom Institut für Baubetriebswesen der TU Dresden im Rahmen der Projekte *„Intellibau1"* und *„Intellibau2"* behandelt.

Innerhalb zukünftiger Projekte ist angedacht, die Projekte der TU Dresden und der BU Wuppertal mit Hilfe der Entwicklung von standardisierten Schnittstellen zu verzahnen, so dass u. a. auch die Ergebnisse einer Auto-ID unterstützten Einbaukontrolle mit in das DEBT aufgenommen werden können. Derzeit beinhaltet das DEBT an dieser Stelle lediglich einen entsprechenden Platzhalter.

5.19 Bauproduktionsmittelregistrierung

Auf Baustellen werden eine große Anzahl teurer Bauproduktionsmittel eingesetzt und von vielen verschiedenen Personen genutzt. Dies führt sowohl für Mitarbeiter des Unternehmens als auch für Dritte zu der Versuchung, Bauproduktionsmittel unbemerkt von der Baustelle zu entwenden. Das Nutzen einer Maschine durch mehrere Personen fördert zudem nicht den sorgsamen Umgang, da für Schäden und Verschleiß niemand verantwortlich gemacht werden kann. Eine Sicherung der Gegenstände wie sie z. B. aus dem Handel bekannt ist, ist auf Baustellen nicht anzufinden.

Allerdings können auch mit passiver RFID-Technik sichere Diebstahlschutzportale nicht aufgebaut werden. Zudem fehlt es i. d. R. an eindeutigen Identifizierungsmöglichkeiten und insbesondere an Eigentümerdatenbanken, um nachträglich Diebstahl nachweisen zu können. Allerdings werden aus diesen Gründen auf Großbaustellen immer häufiger Bestandslisten von Bauproduktionsmitteln manuell geführt.

Daher wurde im Rahmen des Forschungsprojektes ein Konzept für die Registrierung von Bauproduktionsmitteln entwickelt, das diesen Problemen entgegenwirkt. Das Führen von Bestandslisten kann durch Einsatz von Auto-ID-Techniken (teil)-automatisiert und somit vereinfacht werden. Hierfür werden Bauproduktionsmittel, wie Baumaschinen, Bauwerkzeuge, Baugeräte und Bauanlagen mit RFID-Transpondern oder Barcodes gekennzeichnet. Das System funktioniert wie folgt:

Für eine Verbuchung der Bauproduktionsmittel wird zur Identifikation des Mitarbeiters zunächst sein Baustellenausweis ebenfalls per RFID- oder Barcode-Leser erfasst und im Anschluss das zuzuordnende Bauproduktionsmittel, wiederum mit RFID- oder Barcodeleser. Falls das Bauproduktionsmittel dem System noch nicht bekannt ist, erscheint ein Hinweisfeld und das Bauproduktionsmittel kann einem entsprechenden Artikel im Artikelkatalog zugeordnet werden. Die Verbuchung kann entweder stationär oder mobil durchgeführt werden. Für einzelne Kleingeräte und bei der Anwendung auf Bauhöfen bietet sich voraussichtlich eine stationäre Lösung an, für Großgeräte sowie zur Erfassung ganzer Wagenladungen von Kleingeräten auf Baustellen bietet sich eher eine mobile Lösung an.

Abb. 5-35:   Terminal für die stationäre Werkzeug- und Bauproduktionsmittelregistrierung (Modell / Umsetzung) (eigene Aufnahme)

Abb. 5-36:   Handleser für die mobile Werkzeug- und Bauproduktionsmittelregistrierung (Modell / Umsetzung) (eigene Aufnahme)

Die Applikation greift hierzu auf die im „Bauprojektdatenserver" gespeicherten Informationen zurück. Die Registrierungsereignisse und die Baustellenbestandslisten werden mitarbeiterbezogen zudem im DEBT erfasst.

5.20 Einbindung einer „Baustation"

Im Zusammenhang mit der Verwaltung von Kleingeräten und -materialien beinhaltet der Demonstrationscontainer eine weitere Applikation, die mit Hilfe des RFID-Baustellenausweises genutzt werden kann, die jedoch auch an anderer Stelle RFID-Technik beinhaltet. Hierbei handelt es sich um die bereits auf Baustellen eingesetzte *„Baustation"* der Fa. Gradwohl GmbH, an der Geräte gemietet oder Materialien gekauft werden können.

Die Baustationen *„werden mit Verbrauchsmaterialien sowie Mietgeräten bestückt und dienen der Versorgung der vor Ort befindlichen Bauunternehmen ... "*[29] sowie deren Nachunternehmer. Vorteil ist, dass ein *„sehr hoher Zeit- und damit verbundener finanzieller Aufwand für das jeweilige ausführende Unternehmen gespart werden. Bisher musste der betreffende Mitarbeiter sein Mietgerät oder Verbrauchsmaterial bei einem externen Unternehmen organisieren und verlor auf diesem Wege ... wertvolle Zeit."*[30].

Im Rahmen des Forschungsprojektes *„RFID-Baulogistikleitstand"* wurde die bestehende *„Baustation"* integriert, indem die Anmeldung an der Station ebenfalls mittels des in den anderen Systemen genutzten Baustellenausweises erfolgen kann. Hierzu erfolgte eine Umrüstung des RFID-Lesesystems und es wurde ein Konzept zur Vernetzung sowohl mit dem *„Bauprojektdatenserver"* als auch mit dem DEBT erstellt.

---

[29] Gradwohl (2008)
[30] Die Baustation (2008)

Abb. 5-37: Integration einer *„Baustation"* (Modell / Umsetzung) (eigene Aufnahme)

5.21 Kombinierte Zutrittskontrolle

Eine weitere personalbezogene Anwendung, die mittels des o. g. Ausweises im Demonstrationscontainer umgesetzt wurde, ist die kombinierte Zutrittskontrolle, bei der mittels des Baustellenausweises eine Zutrittskontrolle i. V. m. einer Kontrolle der Vollständigkeit der persönlichen Schutzausrüstung (PSA) und einer Zeiterfassung durchgeführt wird.

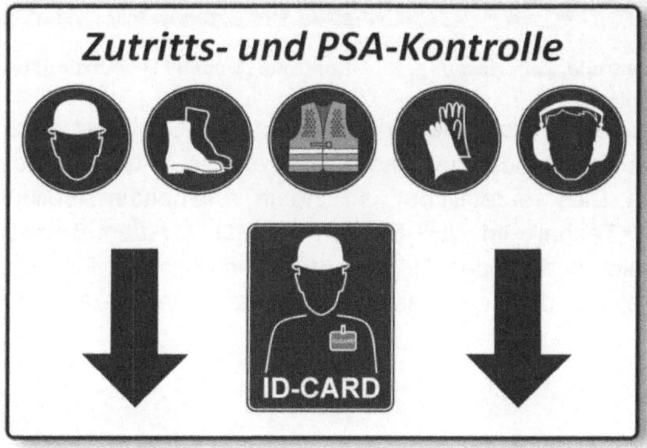

Abb. 5-38: Verbindung der ID-Card-basierten Zutrittskontrolle mit einer Kontrolle der PSA auf Vollständigkeit: Hinweisschild

Die Kontrolle gestaltet sich wie folgt: Die Person betritt den Bereich vor der Kniehebelsperre. In diesem Moment wird bereits ihre PSA erfasst und entsprechende Einträge in einer Datenbank hinterlegt. Nachdem die Person ihren Baustellenausweis vor den RFID-Leser hält wird sie über ein Display aufgefordert, zur Verifizierung ihren Finger auf den Fingerprintleser zu halten. Die Kontrolleinheit vergleicht nun zur Verifizierung den Fingerabdruck der Person mit dem Template auf der ID-Card. Stimmen die Daten überein und ist die Person gem. *„Bauprojektdatenserver"* zum Zutritt berechtigt, erscheint auf dem Display grafisch aufbereitet die Liste der erforderlichen PSA. Die durch RFID-Leser erfassten PSA-Objekte werden grün, weitere erforderliche, jedoch nicht erfasste Objekte, rot markiert. Sind alle Objekte erkannt, kann die Person die Baustelle betreten. Werden Objekte nicht erkannt, so kann die Person die Baustelle nur betreten, wenn sie per Touchscreen bestätigt, dass sie darauf hingewiesen wurde, dass die PSA vor Betreten des Gefahrenbereichs noch anzulegen ist. Bei Bedarf wird nun auch die Zeit des Kommens im DEBT registriert.

Der Prozess des Verlassens der Baustelle funktioniert entsprechend, jedoch i. d. R. ohne PSA-Abfrage.

Das System ist modular aufgebaut, so dass auch PSA-Kontrollsäulen ohne Sperreinrichtung eingebunden werden können oder Zutrittskontrollen ohne PSA-Kontrolle und Zeiterfassung. Die Zutrittskontrolle kann auch ohne die zusätzliche Sicherheit des Fingerabdruckvergleichs mit einfacher RFID-Karte erfolgen.

Abb. 5-39:   Zutrittskontrolle, Zeiterfassung, PSA-Kontrolle (Modell / Umsetzung) (eigene Aufnahme)

Für die kombinierte Zutrittskontrolle sind im Leitstand-Container verschiedene Auto-ID-Erfassungseinheiten miteinander verbunden und an die entsprechende Netzwerkstruktur angebunden worden. Dies verdeutlicht das Schema in folgender Abbildung. So wird für die PSA-Kontrolle RFID-Technik im UHF-Bereich genutzt, für den Baustellenausweis RFID-Technik im HF-Bereich und für den Fingerabdruck ein optischer Fingerprintsensor. Wie die Abbildung zeigt, erreichen die unterschiedlichen Bestandteile unterschiedliche Reichweiten.

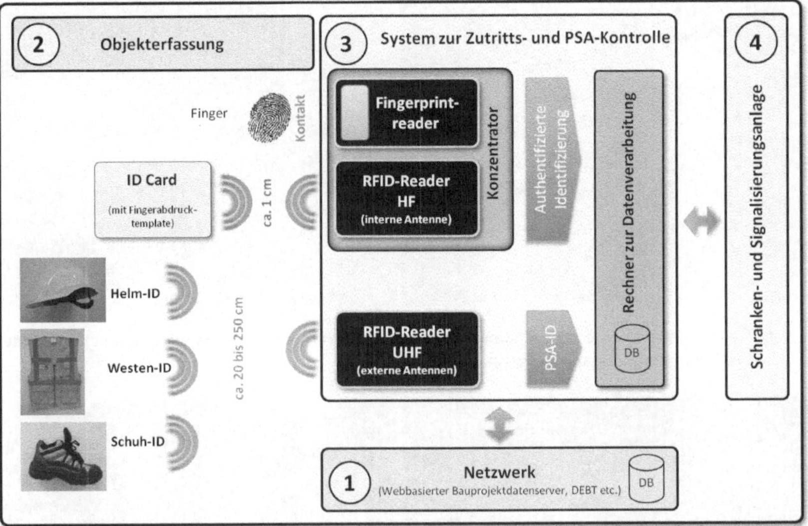

Abb. 5-40: Schema des Systemaufbaus für die kombinierte Zutritts- und PSA-Kontrolle sowie Zeiterfassung

5.22 Einbindung von Türschließanlagen

Zur Demonstration auch der weit verbreiteten, RFID-basierten Türschließanlagen, wurden auch die verschiedenen Türen innerhalb des *„Baulogistikleitstands"* mit einer solchen Anlage ausgestattet, so dass Lieferanten, Baustellenmitarbeiter, Besucher, der Datenverantwortliche etc. je nach Benutzerprofil den Zugang zu den entsprechenden Bereichen innerhalb der *„Baulogistikleitstand"*-Anlage erhalten können. Beim Betreten der entsprechenden Zonen registriert sich die entsprechende Person mittels seines Baustellenausweises und erhält bei positiver Kontrolle Zutritt zu den entsprechenden Bereichen.

Abb. 5-41: Türschließanlage am Leitstand: Zugang für Kunden zur Baustation von der Baustelle (Modell / Umsetzung) (eigene Aufnahme)

Abb. 5-42: Türschließanlage am Leitstand: Zugang für Lieferanten zur Baustation von außen (Modell / Umsetzung) (eigene Aufnahme)

Abb. 5-43: Türschließanlage am Leitstand: Zugang für Datenverantwortlichen / Pförtner zum inneren Bereich (Modell / Umsetzung) (eigene Aufnahme)

Bei dem Zutrittskontrollsystem handelt es sich um ein vernetztes System, so dass die Anbindung an den *„Bauprojektdatenserver"* vorgesehen ist. Das System kann erweitert und so auch weitere Zugänge auf der Baustelle eingebunden werden.

5.23 Wetterdatenerfassung

Da auch die Erfassung von Wetterdaten ein wesentlicher Bestandteil der Dokumentation im Bautagebuch ist, und heute Wetterstationen erhältlich sind, die ihre Daten in einem – auch für RFID-Technik freigegebenen – Frequenzbereich übertragen, wurde der *„Baulogistikleitstand"* auch mit einer Wetterdatenerfassungseinheit ausgestattet. Würden Wetterdaten bei Bauvorhaben lückenlos und unverfälscht aufgezeichnet, ließen sich nach Einschätzung der Verfasser sehr viele spätere Streitigkeiten vermeiden.

Abb. 5-44:   Station zur Wetterdatenerfassung (Modell / Umsetzung) (eigene Aufnahme)

Das Konzept sieht vor, dass die Daten dem DEBT zur Verfügung gestellt werden.

5.24 Demonstratoren aus der Praxis

Zu Beginn des Projektes war angedacht, auch einen Demonstrator zu Entwickeln, bei dem der o. g. Baustellenausweis als Schlüssel für den Start einer Maschine genutzt wird, vergleichbar dem RFID-Chip in PKW-Schlüsseln, der bei Wegfahrsperren eingesetzt wird.

Berechtigungskontrolle bei Kleingeräten

Da auf dem Markt von der Firma Hilti mit ihrem *„Theft Protection System"* (TPS) ein solches System für Kleingeräte angeboten wird, das allerdings mit anderem RFID-Standard arbeitet, als der Baustellenausweis, wurde jedoch auf die „Neuentwicklung" einer entsprechenden Anwendung verzichtet. Eine Umstellung eines Elektrogerätes, das in dem System von Hilti den RFID-Reader beinhaltet, so dass der o. g. Baustellenausweis eingesetzt werden kann, wurde zu Demonstrationszwecken als nicht verhältnismäßig erachtet.

Nachfolgende Abbildung zeigt die Anwendung, bei der Geräte über eine Company RFID-Master-Card (nicht abgebildet) für bestimmte Transponder der Mitarbeiter (abgebildeter Transponder in Schlüsselanhängerform) freigeschaltet werden können.

Abb. 5-45:   RFID-basiertes Diebstahlschutzsystem für kleine Baumaschinen nach dem Prinzip der Wegfahrsperre: Das System Hilti TPS[31] (eigene Aufnahme)

Berechtigungskontrolle bei Großgeräten

Auch auf den Einbau einer *„Wegfahrsperre"* für Baumaschinen, die mittels des o. g. Baustellenausweises freigeschaltet werden kann, wurde zu Demonstrationszwecken verzichtet. Hier befinden sich – unabhängig von den klassischen Wegfahrsperrsystemen – auch bereits vergleichbare Systeme auf dem Markt, so z. B. das mittels elektronischem Schlüssel funktionierende System *„Obserwando".* (Bei diesem elektronischen Schlüssel handelt es sich allerdings nicht um einen RFID-Tag, sondern um einen Tag, der Kontakt benötigt).

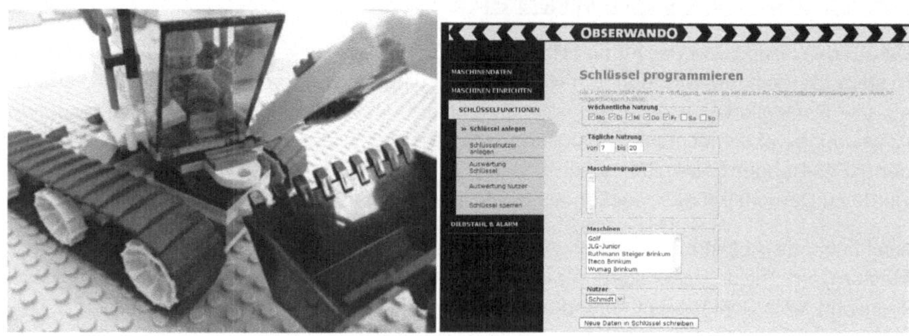

Abb. 5-46:   Elektronische Schlüssel für große Baumaschinen nach dem Prinzip der Wegfahrsperre und zur Verbesserung der Betriebsdatenerfassung (BDE): Ein Teil des Systems Obserwando[32] (eigene Aufnahme)

ToiToi / Dixi

Eine weitere Demonstrationsmöglichkeit besteht darin, RFID-Tags auf Objekten zur Dokumentation und Abrechnung von Service- und Wartungsarbeiten zu nutzen. In Verbindung mit mobilen Endgeräten wird so auch eine elektronische Auftragsabwicklung zwischen Zentrale und mobilen Mitarbeitern möglich. Solche Systeme werden in der Praxis bereits eingesetzt, so dass auf die Entwicklung eines Demonstrators auch hier verzichtet wurde. Nachfolgende

---

[31] Hilti.de [Hrsg.] (2010)
[32] Rösler Software-Technik GmbH [Hrsg.] (2007)

Abbildung zeigt das Beispiel der mittels RFID-Tag identifizierbaren mobilen Toiletten der Fa. Toi Toi & Dixi.

Abb. 5-47:   **RFID-basierte Wartungs- und Serviceunterstützung für die Baustelleneinrichtung: Das Beispiel Toi Toi & Dixi [33] (eigene Aufnahme)**

Baustellenentsorgung / Behältermanagement

Da auch die Kennzeichnung von Entsorgungsbehältern mit RFID-Tags heute bereits als verbreitet bezeichnet werden kann, wurde auch hier auf eine Demonstration verzichtet.

Abb. 5-48:   **RFID-basierte Verwaltung und Abrechnung der Baustellenentsorgung (eigene Aufnahme)**

---

[33] INFORMATIONSFORUM RFID e. V. [Hrsg.] (2010)

6 Demonstration der Fertigteillogistik im RFID-Modell und Video

6.1 Demonstration des möglichen Auto-ID-Einsatzes am Beispiel der Logistikkette zur Auslieferung von Stahlbetonfertigteilen

Wie angesprochen, wurde neben dem Demonstrator in Form des Baustellencontainers, in dem die Applikationen vereint sind, die maßgeblich mit dem Geschehen am Baustelleneingang zu tun haben, ein weiterer *„Demonstrator Fertigteillogistik"* erstellt. Dieser soll in Form eines Modells (vgl. Ziff. 6.2) und eines Videos (vgl. Ziff. 6.3) helfen, die Zusammenhänge und den möglichen Auto-ID-Einsatz zu verdeutlichen.

6.2 RFID-Modell zur Fertigteillogistik

Unabhängig von dem zu Projektbeginn erstellten Lego-Modell, das nicht mit RFID-Technik ausgestattet wurde, wurde im Rahmen des *„Demonstrators Fertigteillogistik"* zur Verdeutlichung des möglichen RFID-Einsatzes in der Logistikkette der Auslieferung von Stahlbetonfertigteilen in der abschließenden Phase des Projektes ein RFID-Technik beinhaltendes Modell im Maßstab 1:50 gebaut.

Abb. 6-1: RFID-Modell zur Fertigteillogistik: Gesamtansicht (eigene Aufnahme)

In dem Modell werden die folgenden Prozessschritte i.V.m. einer Darstellung der je Prozessschritt erzeugten Ereignisdaten beim Zulieferer, der Spedition und auf der Baustelle gezeigt. Hierdurch wird das Tracking und Tracing der Fertigteile ermöglicht.

- Kommissionierung - Zulieferer

- Bilden der Transporteinheit - Zulieferer

- Warenausgangskontrolle - Zulieferer

- Transport

- Zufahrtskontrolle – Baustelle

- Wareneingangskontrolle – Baustelle

Hierzu sind an einigen Stellen des Modells kleine HF-RFID-Leser integriert und die Zugmaschinen, die Auflieger, die Bauteilträger und die Fertigteile mit RFID-Transpondern ausgestattet. Auf den drei Monitoren wird in Abhängigkeit der Bewegungen auf dem Modell dargestellt, wo sich welcher LKW mit welchem Auflieger und welchen Fertigteilen befindet und wo welche Palette abgestellt wurde etc.

Damit wird gezeigt, wie eine Vernetzung der IT-Systeme von den Wertschöpfungspartnern Fertigteilwerk (Hersteller), Spedition und Bauunternehmen erfolgen könnte, da in allen drei Systemen Ereignisdaten anfallen.

Das Modell beinhaltet nur Demonstrationsanwendungen, die zuvor in der Realität auf ihre Umsetzbarkeit hin untersucht worden sind.

Abb. 6-2:   **RFID-Modell zur Fertigteillogistik: Kommissionierung- Zulieferer (eigene Aufnahme)**

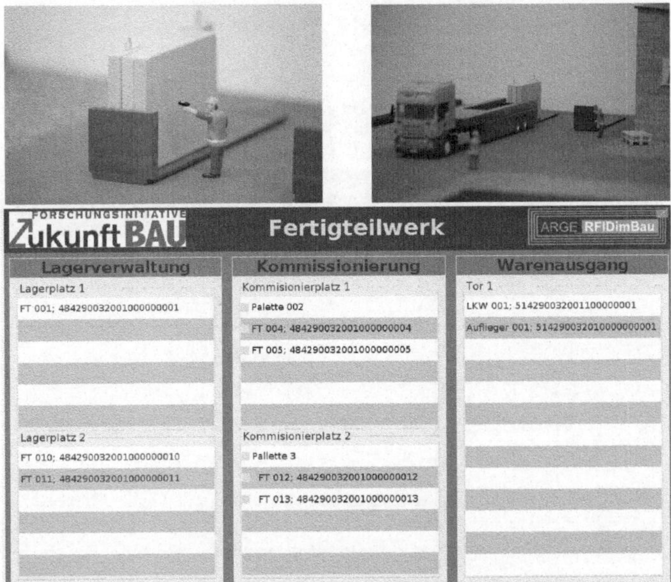

Abb. 6-3:   **RFID-Modell zur Fertigteillogistik: Bilden der Transporteinheit – Zulieferer (eigene Aufnahme)**

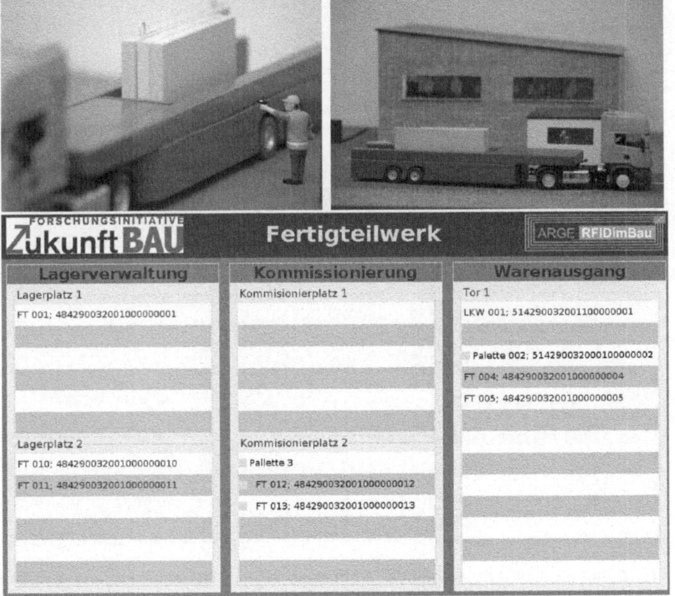

Abb. 6-4:   RFID-Modell zur Fertigteillogistik: Warenausgangskontrolle – Zulieferer (eigene Aufnahme)

Zukunft BAU — Spedition   ARGE RFIDimBau

LKW / Auflieger			Palette			Palettenlager	
Nr.	Ort	Zeit	Nr.	Ort	Zeit	Palette	Zeit
1	unterwegs	15:12:15	1	Palettenlager	15:12:19	Palette 001	15:04:14
			2	LKW 001	15:10:13		

Abb. 6-5:   RFID-Modell zur Fertigteillogistik: Transport (eigene Aufnahme)

Zukunft BAU — Baustelle   ARGE RFIDimBau

Avisierung / Vorausanmeldung			Einfahrt			Eingangskontrolle	
LKW	Bauhof verlassen	verbleibende km	LKW	Avisierte Zeit	Zeit	Soll	Ist
				15:27:00			
				15:24:00			
				15:21:00			
				15:18:00			
				15:15:00			
			1	15:15:00	15:15:17		

Abb. 6-6:   RFID-Modell zur Fertigteillogistik: Zufahrtskontrolle – Baustelle (eigene Aufnahme)

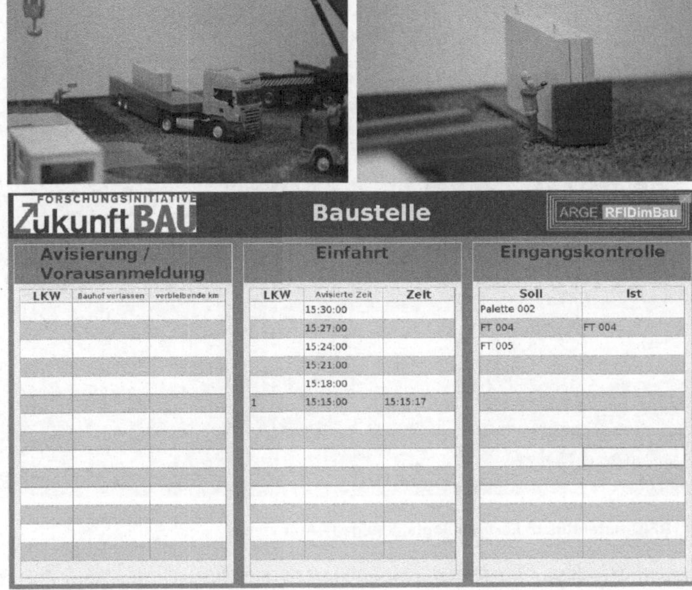

Abb. 6-7:   RFID-Modell zur Fertigteillogistik: Wareneingangskontrolle – Baustelle (eigene Aufnahme)

6.3 Demonstrationsvideo zur RFID-unterstützten Fertigteillogistik

Während der Praxistests wurde im Fertigteilwerk und auf einer Baustelle ein Video erstellt, das die Prozesse zeigt. Dieses Video soll als Demonstrationsvideo die Logistikkette verdeutlichen.

Abb. 6-8:   **RFID-unterstützte Fertigteillogistik (eigene Aufnahme)**

Das Demonstrationsvideo zur RFID-unterstützten Fertigteillogistik aus dem Forschungsprojekt „RFID-Baulogistikleitstand" ist online unter folgendem Link zu finden:

http://www.youtube.com/watch?v=s3He8xJGq80

Das Demonstrationsvideo zur Auto-ID-unterstützten Personallogistik aus dem Forschungsprojekt „RFID-Baulogistikleitstand" ist online unter folgendem Link zu finden:

http://www.youtube.com/watch?v=Nj3etlus2QI

Das Demonstrationsvideo aus dem Forschungsprojekt „InWeMo" ist ebenfalls online unter folgendem Link zu finden:

http://www.youtube.com/watch?v=jlZlwCgDnc4&NR=1

7 Veröffentlichungen / Öffentlichkeitsarbeit

Während der Bearbeitung des Forschungsprojektes wurde auf verschiedenen Veranstaltungen und mittels zahlreicher Veröffentlichungen über das Vorhaben und den jeweils aktuellen Bearbeitungsstand berichtet. Anlage 2 enthält eine vollständige Liste der projektbezogenen Veröffentlichungen und Vorträge.

In der ersten Projektphase fanden öffentliche Workshops zum Thema *„RFID in der Baulogistik"* statt (vgl. Ziff. 4). Auch dieser Teil des Projektes trug zur Wahrnehmung der Forschung in der Öffentlichkeit bei.

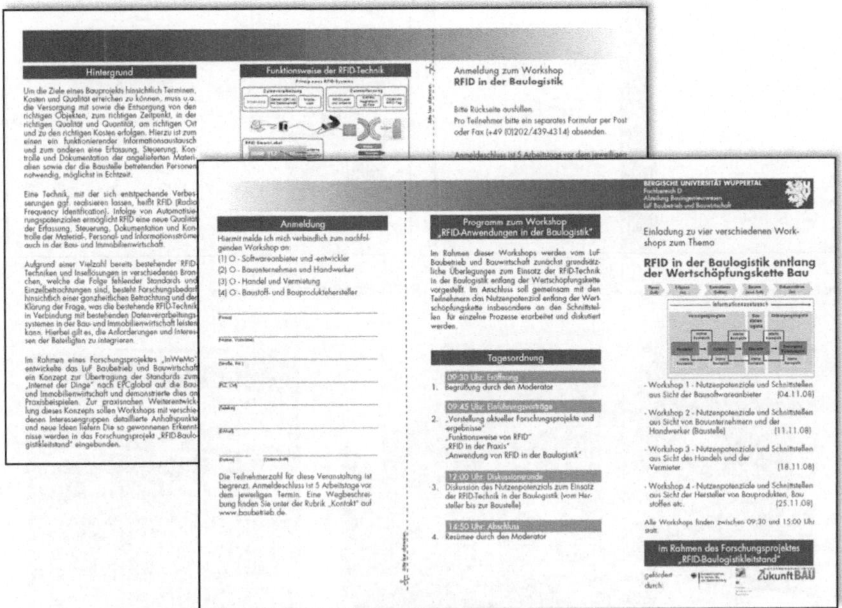

Abb. 7-1:   **Einladungsflyer zu den Workshops *„RFID in der Baulogistik"***

Auf der Messe *„Bau 2009"* im Januar 2009 in München wurde der auf dem zur Messe vorbereiteten Flyer noch in Form eines Lego-Modells zu sehende Demonstrationscontainer erstmalig öffentlich einem interessierten Fachpublikum vorgestellt.

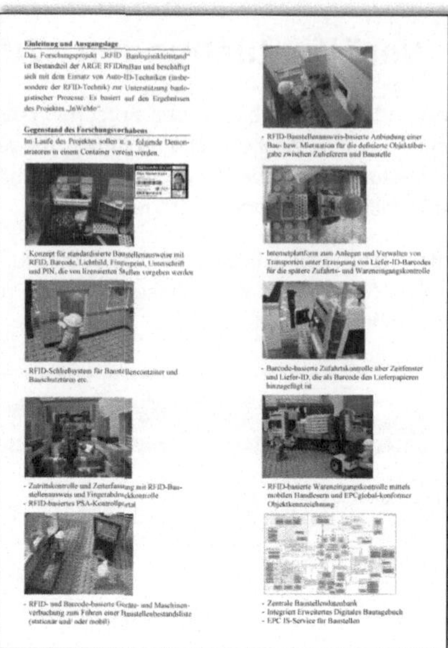

Abb. 7-2: Flyer zur „Bau 2009" in München: Der *„RFID-Baulogistikleitstand"* im Modell

Abb. 7-3: Günter Verheugen, Wolfgang Tiefensee, Prof. Helmus (von links) am *„RFID-Baulogistikleitstand"* auf der „Bau 2009"

Weitere Ausstellungen eines Teils der Applikationen folgten u. a. auf dem *„Baurechtstreff 2009"* des Deutschen Gesellschaft für Baurecht e. V. in Frankfurt am Main.

Abb. 7-4: Ausstellung und Vortrag auf dem *„Baurechtstreff 2009"*

In diesem Rahmen wurden auch immer wieder aktualisierte deutsch- und englischsprachige Flyer verteilt.

Abb. 7-5: Flyer zur *„bautec 2010"*: Der *„RFID-Baulogistikleitstand"* auf der Baustelle

Zudem wurde über die Internetseiten www.baubetrieb.de und www.RFIDimBau.de bereits während der Projektlaufzeit über die Forschungsinhalte berichtet.

8 Zusammenfassung und Fazit

8.1 Zusammenfassung zum Forschungsprojekt

Das Ziel des Forschungsprojektes *„RFID-Baulogistikleitstand"* war die Entwicklung eines Gesamtkonzeptes für eine durch Auto-ID-Technik unterstützte Material- und Personallogistik, welches einerseits einen durchgängigen Informationsaustausch der am Bau Beteiligten ermöglicht und zum anderen durch Modifizierung und Integration bereits bestehender Anwendungen zur Optimierung logistischer Prozesse beiträgt. Die Ergebnisse sollten an einem Demonstrator *„RFID-Baulogistikleitstand"* verdeutlicht werden. Zur Ergänzung wurde ein Demonstrator „Fertigteillogistik" erstellt.

Als erster Arbeitsschritt des Gesamtkonzeptes zur Baulogistik wurde im Rahmen der Forschungsinitiative *„ZukunftBAU"* das Forschungsprojekt *„InWeMo"* bearbeitet. Hierbei wurde ein Netzwerkmodell entwickelt, welches den optimierten, durchgängigen Informationsaustausch entlang der Wertschöpfungskette vom Baustoff bzw. Bauteilproduzenten über den Zulieferer, die Baustelle, den Nutzer und letztlich den Entsorger ermöglicht. Dieses Netzwerkmodell bildet die Basisnetzwerkinfrastruktur für das Gesamtkonzept und wurde demonstriert in einem sog. *„RFID-Bauserver"*.

Da die Optimierung der logistischen Prozesse durch deren Kontrolle und Steuerung an den Schnittstellen zwischen den am Bau Beteiligten sowie einer lückenloser Dokumentation erfolgen kann, wurde ein webbasiertes Informationsnetzwerk konzipiert bestehend aus einem *„Digitalen Erweiterten Bautagebuch"* (DEBT), einem *„Bauprojektdatenserver"*, dem das EPCglobal-Netzwerk simulierenden *„RFID-Bauserver"* aus dem vorangegangenem Projekt *„InWeMo"* und einem *„Baustellenavisierungsportal"* zur Anmeldung von Transporten. In einem Baustellencontainer wurden verschiedene Applikationen integriert, die Auto-ID-Techniken nutzen. Diese Applikationen pflegen einerseits Ereignisdaten in diese Netzwerkstruktur ein, andererseits nutzen sie auch Stammdaten aus diesem Netzwerk. Sie können mit einem einheitlichen RFID-basierten Baustellenausweis genutzt werden.

Im einzelnen wurden folgende Applikationen in dem Container vereint: ein System zur Erstellung von Baustellenausweisen, eine RFID-Schließanlage für die Containertüren, eine Zutritts- und PSA-Kontrollschleuse mit Zeiterfassung, eine Zufahrtsberechtigungskontrolle, die an das *„Baustellenavisierungsportal"* gekoppelt ist, eine stationäre und eine mobile Lösung für die Werkzeugregistrierung, eine Baustation für die Vermietung oder den Verkauf von Objekten und eine mobile Lösung für die RFID-basierte mobile Wareneingangskontrolle. Ferner können Warenausgangsdaten von externen RFID-Portalen über den *„RFID-Bauserver"* integriert werden. Zur Verdeutlichung der Zusammenhänge in einer Logistikkette der Anlieferung von Stahlbetonfertigteilen wurde ergänzend ein entsprechendes Demonstrationsmodell erstellt.

8.2 Fazit zum Forschungsprojekt

Der Fördermittelgeber formulierte vor Projektbeginn im Zuwendungsbescheid: *„Ziel dieses Forschungsprojektes ist es, – aufbauend auf den Ergebnissen des ersten Projektes [„InWeMo"] – ein RFID-unterstütztes Steuerungs- und Dokumentationssystem für die erweiterte Baulogistik zu konzipieren. An der Schnittstelle zwischen Zulieferer und Baustelle wird ein Demonstrator ‚Baulogistikleitstand' gebaut, der eine datenbanktechnische Verknüpfung zu baurelevanten Daten herstellen und eine Einbindung in das Gesamtsystem leisten soll."*

Mit vorliegendem Bericht wird aufgezeigt, dass dieses Ziel erreicht wurde und innerhalb des Projektes einerseits ein übergeordnetes Gesamtkonzept für den Informationsaustausch in der Baulogistik erarbeitet wurde, und andererseits interessierten Personen aus der Baupraxis nun ein Demonstrator zur Verfügung steht, anhand dessen einzelne Anwendungen der RFID-Technik i. V. m. übergeordneten webbasierten Datenflussapplikationen verdeutlicht werden können.

Die im Projekt erarbeiteten Konzepte und Applikationen sind so aufgebaut, dass die Anknüpfungspunkte zu den parallel in der ARGE RFIDimBau beforschten Themen deutlich gegeben sind. Die Verfasser hoffen, in künftigen Forschungsprojekten diese Schnittstellen weiter spezifizieren und so die Demonstratoren aus den verschiedenen Teilprojekten der ARGE RFIDimBau miteinander verbinden zu können.

Unabhängig von weiterer Forschung ist die Praxis nun aufgerufen, ihre Geschäftsprozesse ernsthaft auf die Potentiale des Auto-ID-Einsatzes hin zu untersuchen. Die Verfasser freuen sich darauf, sie dabei zu unterstützen.

8.3 Ausblick zum RFID-Einsatz im Bauwesen

Abschließend wird von den Verfassern noch eine Einschätzung zu den Gründen des zurückhaltenden Einsatzes der RFID-Technik in der Praxis gegeben. Diese Einschätzung teilen die Verfasser zum größten Teil mit den weiteren Partnern in der ARGE RFIDimBau:

1. Warum wird RFID-Technik noch nicht eingesetzt, wo liegen die wirklichen Hürden?

o   Die Einführung des Einsatzes von Auto-ID-Technik erfordert eine Neugestaltung von Prozessen, die Anschaffung von Hard- und die Entwicklung von Software. Neben den – oft überschätzten – Kosten für z. B. RFID-Transponder schrecken vermutlich die als **hoch eingeschätzten Investitionen** für die Einführung neuer Systeme viele Unternehmen ab, wenngleich festzustellen ist, dass die wenigsten Unternehmen Wirtschaftlichkeitsbetrachtungen tatsächlich ernsthaft angestellt haben.

o   Zudem fürchten Unternehmen sich ggf. von einer neuen **Abhängigkeit von (ggf. teuren) IT-Fachleuten**.

o   In der Branche werden auch in anderen Bereichen Standards für den IT-Einsatz gefordert und sind zum Teil heute sogar bereits vorhanden, so z. B. die GAEB- oder IFC-Standards etc. – über den Umfang der Nutzung gibt es unterschiedliche Einschätzungen. Die **Standardisierungsprozesse haben sich als langwierig herausgestellt**, so dass ggf. hier eine skeptische Einstellung entstanden ist zu Themen, bei denen es um die Einführung neuer IT-Systeme geht. Die positiven Beispiele für die Bedeutung von IT-Einsatz auch im Bauwesen, wie z. B. CAD-, GPS-, Maschinensteuerungslösungen etc. werden hierbei offenbar weniger stark wahrgenommen als negative Beispiele.

o Ein weiteres Hindernis zur Etablierung von Standards in der Branche ist wahrscheinlich darin zu sehen, dass die RFID-basierte Prozessunterstützung nicht vorerst in einem Close Loop abgebildet werden kann, da die Lieferkette aus ständig wechselnden Unternehmen konstelliert wird,

o Der Einsatz von Auto-ID-Techniken für die Kontrolle und Steuerung ist nur möglich, wenn es geplante Soll-Prozesse und Soll-Zustände gibt. Infolge der heute leider noch immer anzutreffenden **baubegleitenden Planung** erschwert sich der Einsatz. Der sich aus der baubegleitenden Planung ergebende kurzfristige Einsatz von Unternehmen, kurzfristige Materialbestellungen etc. haben in der Branche offenbar dazu geführt, dass ein gewisser „Stolz" auf die Improvisationsfähigkeit entwickelt wurde und daher das Effizienzpotential durch Prozessumgestaltung unterschätzt wird bzw. zumindest nach außen hin so dargestellt wird.

o Der Einsatz von Auto-ID-Techniken für die Dokumentation führt zu einer erhöhten Transparenz. Die größten Produktivitätsvorteile durch den Auto-ID-Einsatz ergeben sich, wenn die gewonnen Daten partnerschaftlich und unternehmensübergreifend – unter Wahrung des Datenschutzes und der Urheberrechte – eingesetzt werden. Die Einstellung der verschiedenen am Bau Beteiligten ist heute jedoch offenbar noch von starkem **Misstrauen** geprägt, aus dem sich der Wunsch ergibt, dass das eigene Handeln für alle Geschäftspartner möglichst intransparent bleibt (auch weil sich hieraus das eigene Geschäftsmodell ableitet: wer darf auf welche Daten zugreifen?).

o Hierzu trägt auch der starke **Preiswettbewerb** bei, der heute gegenüber dem Qualitätswettbewerb in der Bauwirtschaft leider noch überwiegt. Intransparenz ist heute offenbar tlw. sowohl bzgl. des Personal- als auch bzgl. des Materialeinsatzes noch gewünscht. Hier ist auch darauf hinzuweisen, dass bzgl. der Arbeitszeit evtl. keine Transparenz gewünscht ist, weil diese

   o die Einhaltung des Mindestlohns kontrollierbarer macht und

   o eine Überschreitung der gesetzlich möglichen Höchstarbeitszeit nicht mehr möglich macht, was ggf. die Flexibilität der Unternehmer einschränkt.

o Zudem ist eine gewisse Ablehnung Neuem gegenüber zu erkennen, die sich in der häufig anzutreffenden Aussage *„Das ging bisher auch so…"* widerspiegelt. Ein weiteres Hindernis in der Anwendung der RFID-Technologie liegt im fehlenden Technikverständnis / -umgang älterer Arbeitnehmer auf den Baustellen und/oder im Unwillen, sich neuen Technologien zu öffnen. An dieser Stelle spielt auch eine Ablehnung aufgrund der Internationalität auf Baustellen und der oftmaligen großen Bildungsunterschiede eine Rolle, da infolge der Sprachenvielfalt und tlw. anzutreffenden Analphabetismus IT-Systeme ggf. sehr aufwändig gestaltet werden müssten, damit sie von jedem nutzbar sind.

2. Was muss geschehen, damit diese Technik ihren Durchbruch im Bauwesen erhält?

Möchte man, dass die RFID-Technik Einzug ins Bauwesen erhält, so kann dieses mit *„Zwang von oben"* erreicht werden, (a) durch Vorgaben des Gesetzgebers oder (b) durch Anforderungen der Kunden/ Abnehmer, oder es muss (c) unternehmensintern ein Wunsch zur Nutzung der Technik entstehen. Die Verfasser halten letzteren Fall für den empfehlenswerten.

(a) *„Zwang von oben"* in Form von Auflagen des Gesetzgebers ist nach Einschätzung der Verfasser allenfalls dann möglich und empfehlenswert, wenn hiermit <u>nachweislich</u> dem Allgemeinwohl dienende Ziele erreicht werden können. In diesem Zusammenhang kann darauf hingewiesen werden, dass ggf. die Anforderungen an die Rückverfolgbarkeit von Arbeiten oder die Dokumentationspflicht von Daten erhöht werden könnte, z. B. mit Blick auf Nachhaltigkeitsanforderungen, Sicherheitsaspekten oder der Vermeidung von Schwarzarbeit und illegaler Beschäftigung.

(b) Ein *„Zwang von oben"* kann für ein Unternehmen unabhängig von Vorschriften des Gesetzgebers auch dadurch entstehen, dass Kunden die Nutzung der Technik erwarten bzw. diese zur Bedingung für Geschäftsbeziehungen machen – vgl. das Beispiel Metro.

(c) Der Wunsch zur Nutzung einer neuen Technik wird in einem Unternehmen entstehen, wenn diese erkennen, dass der Einsatz zu Wettbewerbsvorteilen führen kann. Hierbei sollten nach Einschätzung der Verfasser auch die Faktoren *„Imagepflege"* oder *„Imagestärkung"* durch die Darstellung der Innovationskraft eines Unternehmens nicht vernachlässigt werden. Durch RFID-Technik, ggf. i. V. m. Sensorik, sind dynamische Qualitätskontrollen, langfristige Dokumentationen von und somit Kostenersparnis bei Wartung, Instandsetzungen, Reparaturen, Umbauten, Abriss sowie eine Gewährleistung von Qualität über die Zeit möglich. Dies sollte auch ohne *„Druck von oben"* Grund genug sein, über den Einsatz dieser neuen Technik nachzudenken.

3. Was kann oder sollte ggf. die Politik tun?

Die Politik sollte, nachdem sie bereits vor einigen Jahren die Bedeutung des Themas erkannt hat, nicht frühzeitig ihre Unterstützung der Erforschung abbrechen, sondern weiter die Vorteile und Potenziale der Technik durch Demonstrations- und Modellprojekte aufzeigen lassen und für eine Einbindung von Verbänden und anderen Multiplikatoren in der Erprobungsphase sorgen. Die Politik kann so dazu beitragen, inländischen Unternehmen durch eine technisch wie wissenschaftlich fundierte Forschung die Möglichkeit zu geben, sich gegenüber ausländischen Wettbewerbern unterscheidbarer zu machen (dokumentierbare Qualität versus kostenoptimierte Quantität).

Da davon auszugehen ist, dass der unter Nr. 2 beschriebene Fall c) am ehesten eintreten wird, wenn Unternehmen durch standardisierte Systeme Planungs- und Investitionssicherheit bei der Einführung bekommen, sollte die Politik die Standardisierungsprozesse unterstützen. Hierbei sollten kompatible Systeme und geregelte Schnittstellen entstehen. Auch sollte die Politik dazu beitragen, dass die rechtlichen Konsequenzen bei Nutzung solcher Systeme klarer werden.

Schließlich sollte die Politik grundsätzlich dafür sorgen, dass sowohl die sicherheitsrelevanten Überwachungsstrukturen als auch die Strukturen zur Überwachung der Legalität der Beschäftigung und des Einhaltens von Mindestlohnanforderungen im Bauwesen neu geregelt werden. Hierbei wird festgestellt werden, dass Instrumente zur einfachen und manipulationsunanfälligen Dokumentation als bei Nutzung von manuellen Aufzeichnungen benötigt werden, was den Einsatz von effizienzsteigernden Auto-ID-Techniken erhöhen wird.

Hierdurch gilt es die Ursachen für Schlagzeilen zu vermeiden, wie sie aktuell beim Bau der Kölner U-Bahn entstehen, beim Einsturz von Eishallen oder nach Razzien der Finanzkontrolle Schwarzarbeit.

Literaturverzeichnis

AIM Assosiation for Automatic Identification and Mobility [Hrsg.] (2010): Standards: The AIM
      RFID Emblem
      (http://www.aimglobal.org/standards/RFIDEmblem/, Stand: 14.10.2010)

ARGE RFID im Bau [Hrsg.] (2010): Ziel des Forschungsvorhabens
      (http://www.rfidimbau.de/index.php/de/rfid-intellibau-1/ziel-des-forschungsvorhabens,
      Stand: 14.10.2010)

ARGE RFID im Bau [Hrsg.] (2010a): Forschungsstand
      (http://www.rfidimbau.de/index.php/de/rfid-intellibau-1/forschungsstand, Stand:
      14.10.2010)

ARGE RFID im Bau [Hrsg.] (2010b): Ziel des Forschungsvorhabens
      (http://www.rfidimbau.de/index.php/de/rfid-intellibau-2/ziel-des-forschungsvorhabens,
      Stand: 14.10.2010)

ARGE RFID im Bau [Hrsg.] (2010c): Forschungsmethode
      (http://www.rfidimbau.de/index.php/de/rfid-intellibau-2/forschungsmethode,
      Stand: 14.10.2010)

ARGE RFID im Bau [Hrsg.] (2010d): Forschungsmethode
      (http://www.rfidimbau.de/index.php/de/rfid_kennzahlen/forschungsmethode,
      Stand: 14.10.2010)

ARGE RFID im Bau [Hrsg.] (2010e): Forschungsstand
      (http://www.rfidimbau.de/index.php/de/forschungsvorhaben_fraunhofer/forschungssta
      nd, Stand: 14.10.2010)

ARGE RFID im Bau [Hrsg.] (2010f): TU DARMSTADT
      (http://www.rfidimbau.de/index.php/de/forschungsvorhaben_fraunhofer/forschungssta
      nd, Stand: 14.10.2010)

Basler, Georg / Schutt, Andreas (2004): Fingerabdrucksysteme, Seite 2
      (http://www2.informatik.hu-ber
      lin.de/Forschung_Lehre/algorithmenII/Lehre/SS2004/Biometrie/04Fingerprint/fingerab
      drucksysteme.pdf, Stand: 14.10.2010)

Brüderlin, René [Hrsg.](1999): Was ist Biometrie?,
      http://www.teleconseil.ch/deutsch/index_dt.html

Die Baustation (2008) „Baustationen machen das Einkaufen leichter",
      (http://www.die-baustation.de/downloads/abz0106S.7.pdf, 05.2008)

EHIBCC [Hrsg.] (2008): Oehlmann, Heinrich: Die Landschaft der Pharmacodes EIN CODE
      FÜR ALLES?
      (http://www.hibc.de/Documente/08_Pharmacode-Landschaft-080920heiOE.pdf,
      Stand: 14.10.2010)

Finkenzeller [Hrsg.] (2002): Finkenzeller, Klaus: RFID-Handbuch - Grundlagen und prakti-
    sche Anwendung induktiver Funkanlagen, Transponder und kontaktloser Chipkarten
    (eBook), Carl Hanser Verlag, 2002, ISBN-13: 9783446222083

forbau [Hrsg.] (2008): ForBAU - Virtuelle Baustelle - Digitale Werkzeuge für die Bauplanung
    und –abwicklung
    (http://www.fml.mw.tum.de/forbau/images/pdf/Ver%C3%B6ffentlichungen/Zwischenb
    ericht_08_mit%20Umschlag.pdf, Stand: 14.10.2010)

Gärtner [Hrsg.] (2010): Gärtner, Armin [Hrsg.]: myFacility - Funktransponder (RFID Techno
    logie) in der Medizintechnik,
    (http://www.myfacility.at/content/medical/gaertner/rfid/gaertner_1.html,
    Stand: 14.10.2010)

Gradwohl (2008): „Firmen- und Produkthomepage",
    (http://www.gradwohl-gmbh.de und http://www.die-baustation.de, 04.2008)

Harting, HARTING KGaA,
    (http://www.harting.de, Stand: 28.10.2010)

Helmus, Manfred / Kelm, Agnes / Laußat, Lars / Meins-Becker, Anica [Hrsg.]: RFID in der
    Baulogistik – Forschungsbericht zum Projekt „Integriertes Wertschöpfungsmodell mit
    RFID in der Bau- und Immobilienwirtschaft", Vieweg+Teubner Verlag 2009, ISBN
    978-3-8348-0765-6

Helmus (2010): Helmus, Manfred, Potentiale für RFID im Bauwesen
    (http://www.forschungsinitiative.de/PDF/Kurzfassung_Helmus.pdf, Stand:10.11.2010)

Hilti.de [Hrsg.] (2010): TP S Elektronischer Diebstahlschutz
    (http://www.hilti.de/holde/page/module/product/prca_rangedetail.jsf?lang=de&nodeId
    =-65172, Stand: 14.08.2010)

International Biometric Group [Hrsg.] (2009): International Biometric Group, 2001,
    (http://www.biometricgroup.com, Stand: 4.10.2010)

idw [Hrsg.] (2010): Dr. Maren Wagner: Wuppertaler Studierendenteam beim Solar Decathlon
    in Madrid: Besuch von Kronprinz Felipe
    (http://idw-online.de/pages/de/news375148,   Stand: 14.10.2010)

INFORMATIONSFORUM RFID e. V. [Hrsg.] (2010): RFID Leitfaden für den Mittelstand
    (http://www.info-rfid.de/info-rfid/content/e107/e127/e240/rfid_leitfaden_ger.pdf, Stand:
    14.10.2010)

Institut für interdisziplinäres Bauprozessmanagement [Hrsg.] (2010): Tagungsband 21.
    AssistentInnentreffen der Bereiche Bauwirtschaft, Baubetrieb und Bauverfahrens-
    technik 07.-09. April 2010, S. 269 und S. 286, Eigenverlag, ISBN:978.3-9502638-1-7

Laßmann, Gunter (2002): Biometrie: Besser - aber gut genug?
    (http://www.kes.info/archiv/online/02-01-18-biometrie.htm, Stand; 14.10.2009)

Maltoni, David / Maio, Dario / K. Jain, Antil / Prabhakar, Salil (2003): Handbook of Fingerprint
    Recognition, Seite 7, Springer Verlag, 2003, ISBN: 978-1-84882-253-5

Maltoni, David / Maio, Dario / K. Jain, Antil / Prabhakar, Salil (2003a): Handbook of Finger print Recognition, Seite 3 f., Springer Verlag, 2003, ISBN: 978-1-84882-253-5

Mecalux (2007): MECALUXlogistikmarket, l.o.:
http://www.logismarket.ch/rfid-tags-transponder/inotec/699516706-874007767-pcc.html;
http://www.logismarket.ch/inotec/inotec-stellt-innovative/902573765-699516655-nd.html;
http://www.logismarket.ch/inotec/diobond-inmould/902232098-699516655-nd.html,
05.2010

Paschal, PASCHAL-Werk G. Maier GmbH,
(http://www.paschal.de, Stand:28.10.2010)

Picco, Stefano [Hrsg.] (2007): Picco, Stefano: „4D Barcodes Update"
(http://blog.stefano-   picco.de/2007/10/03/4-d-barcodes/, Stand: 14.10.2010)

Rösler Software-Technik GmbH [Hrsg.] (2007): Obserwando
(https://www.obserwando.de/taskcenter/list, Stand: 14.10.2010)

Schriftreihe Bauwirtschaft [Hrsg.] (2009): Schriftreihe Bauwirtschaft, III Tagungsband und Berichte, Tagungsband des 20. Assistententreffens der Bereiche Bauwirtschaft, baubetrieb und Bauverfahrenstechnik, S. 276, S. 287, kassel university press, ISBN: 978-3-89958-652-7

Anlagenverzeichnis

Anlage 1   Prozessdiagramme (unter: www.viewegteubner.de — Stichwort: „OnlinePlus")

Anlage 2   Übersicht über Veranstaltungen und Veröffentlichungen, in denen die Öffent-
                lichkeit über das Projekt und die ARGE RFIDimBau informiert wurde

Anlage 1: Prozessdarstellungen

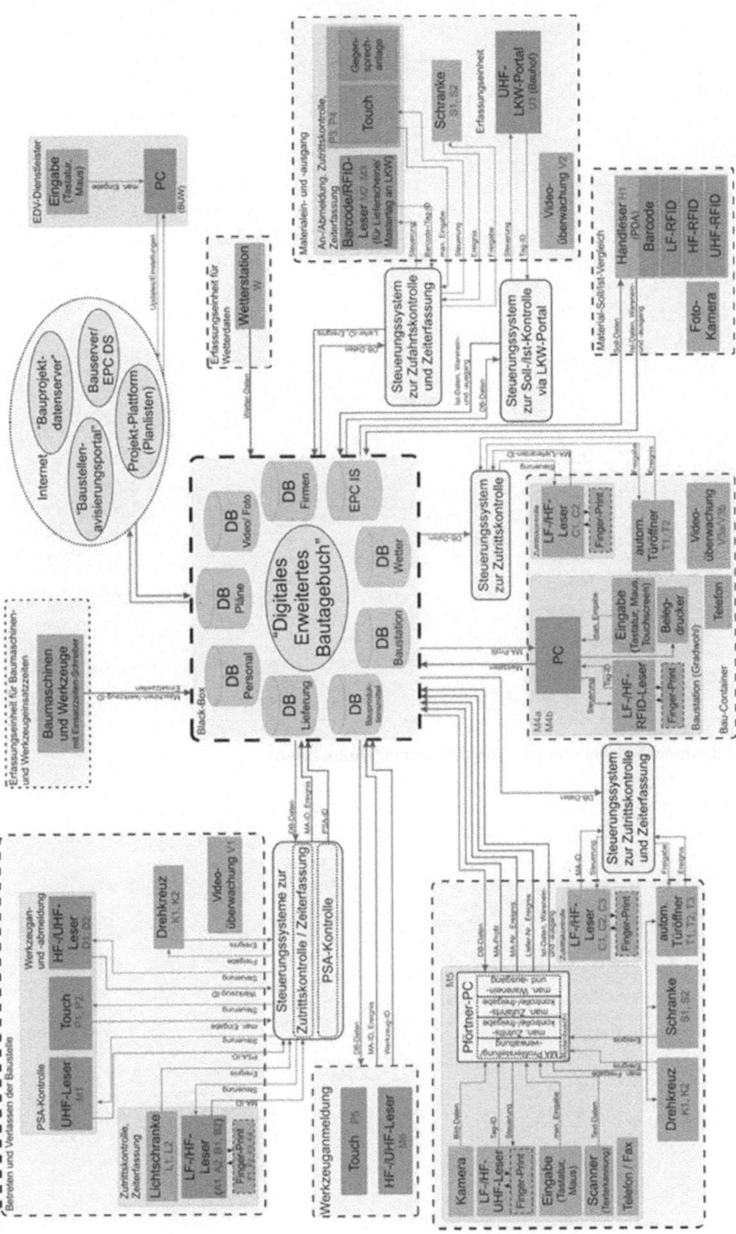

Abb. 1:   **Vereinfachte Darstellung der Vernetzung der Applikationen**

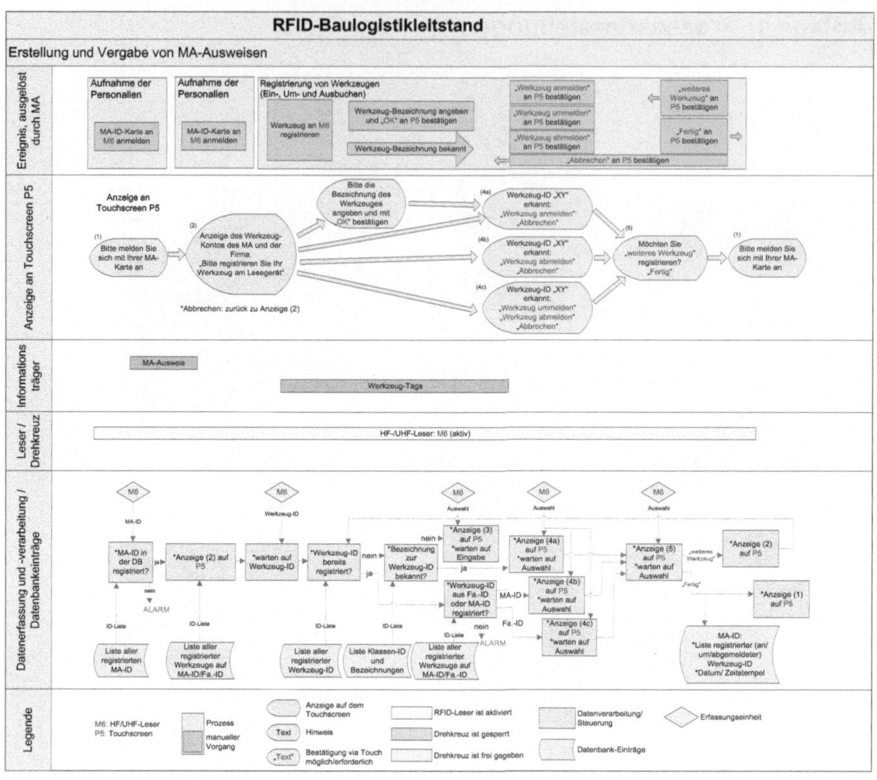

Abb. 2: Prozessdiagramm: Erstellung und Vergabe von MA-Ausweisen

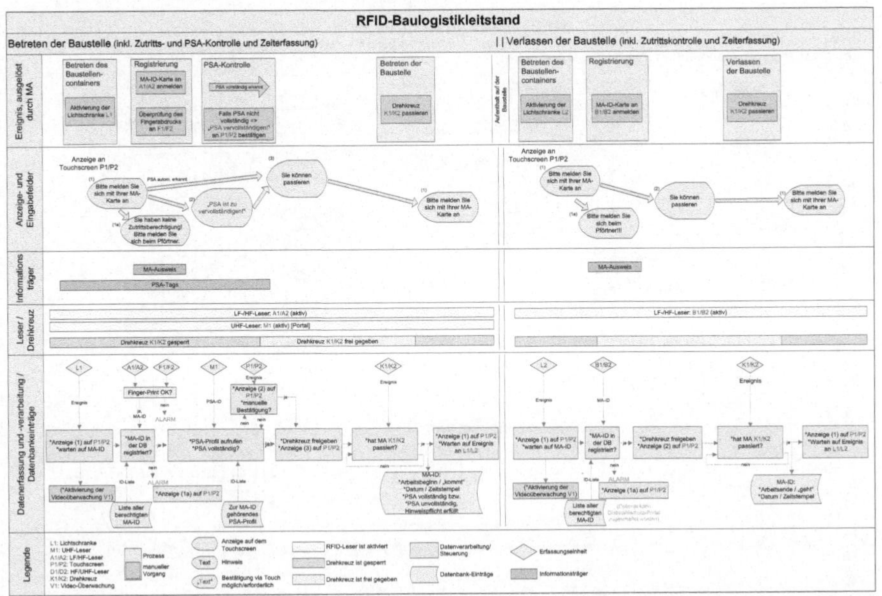

Abb. 3: Prozessdiagramm: Betreten der Baustelle (inkl. Zutritts- und PSA-Kontrolle und Zeiterfassung)

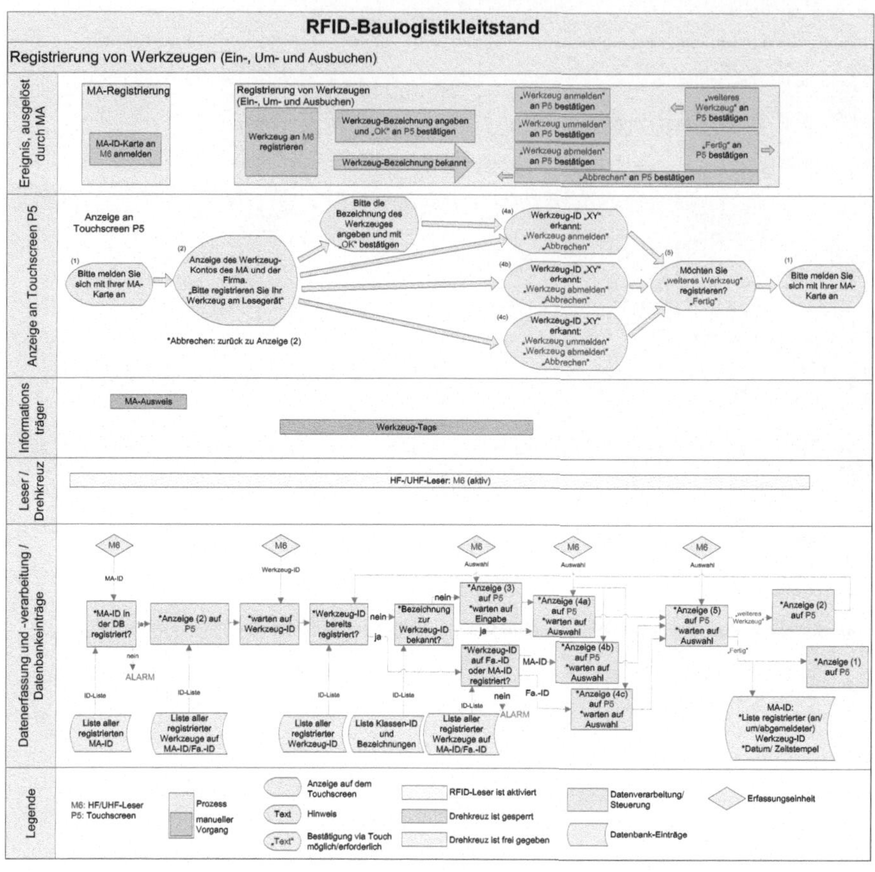

Abb. 4: Prozessdiagramm: Registrierung von Werkzeugen (Ein-, Um- und Ausbuchen)

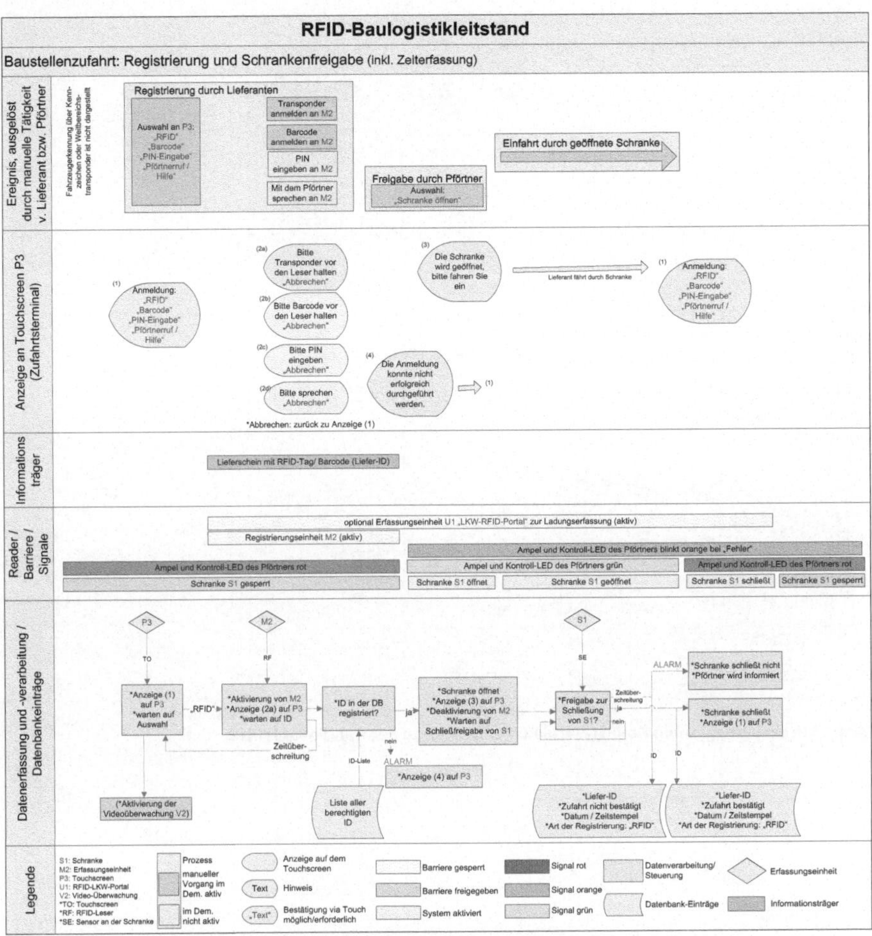

Abb. 5:Prozessdiagramm: Baustellenzufahrt: Registrierung und Schrankenfreigabe (inkl. Zielerfassung)

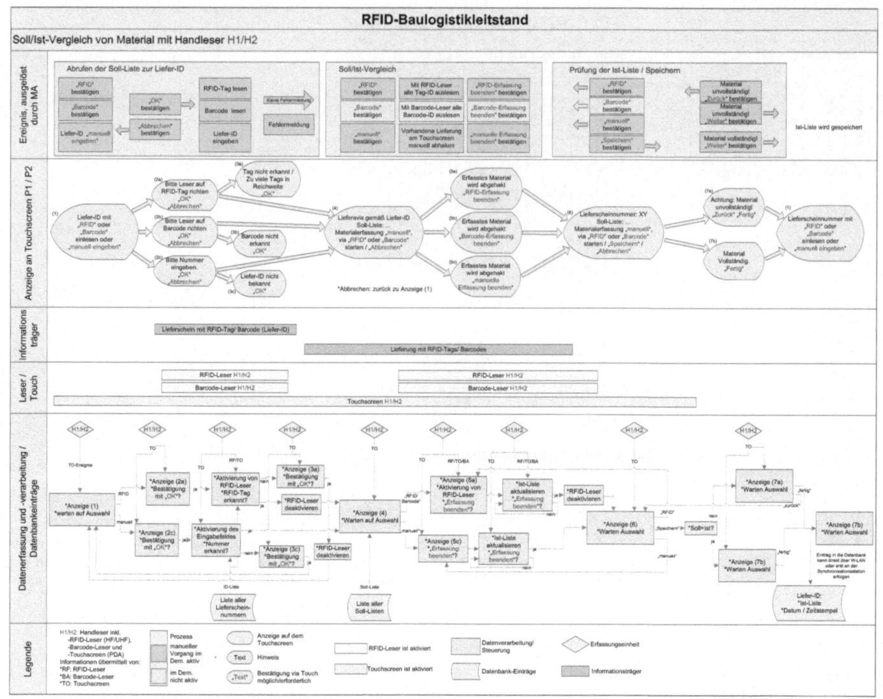

Abb. 6:Prozessdiagramm: Soll/Ist-Vergleich von Material mit Handleser H1/H2

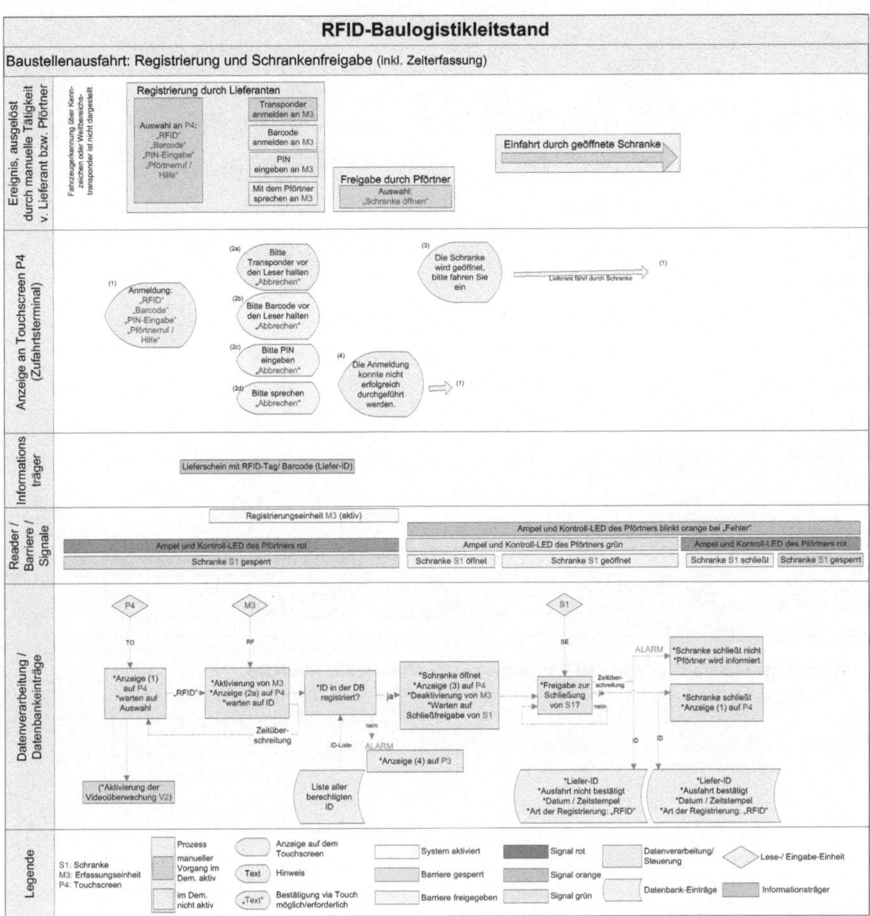

Abb. 7: Prozessdiagramm: Baustellenausfahrt: Registrierung und Schrankenfreigabe (inkl. Zeiterfassung)

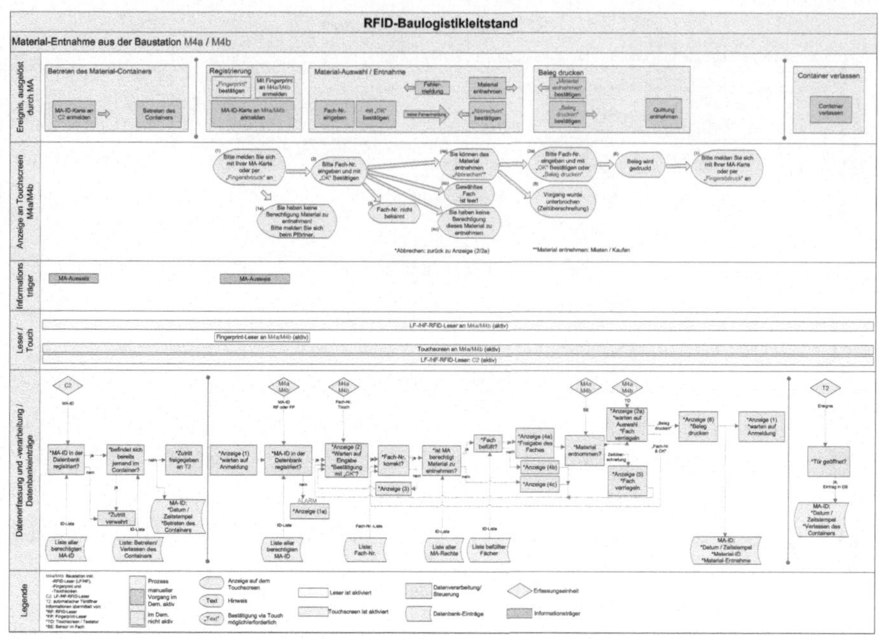

Abb. 8: Prozessdiagramm: Material-Entnahme aus der Baustation M4a/M4b

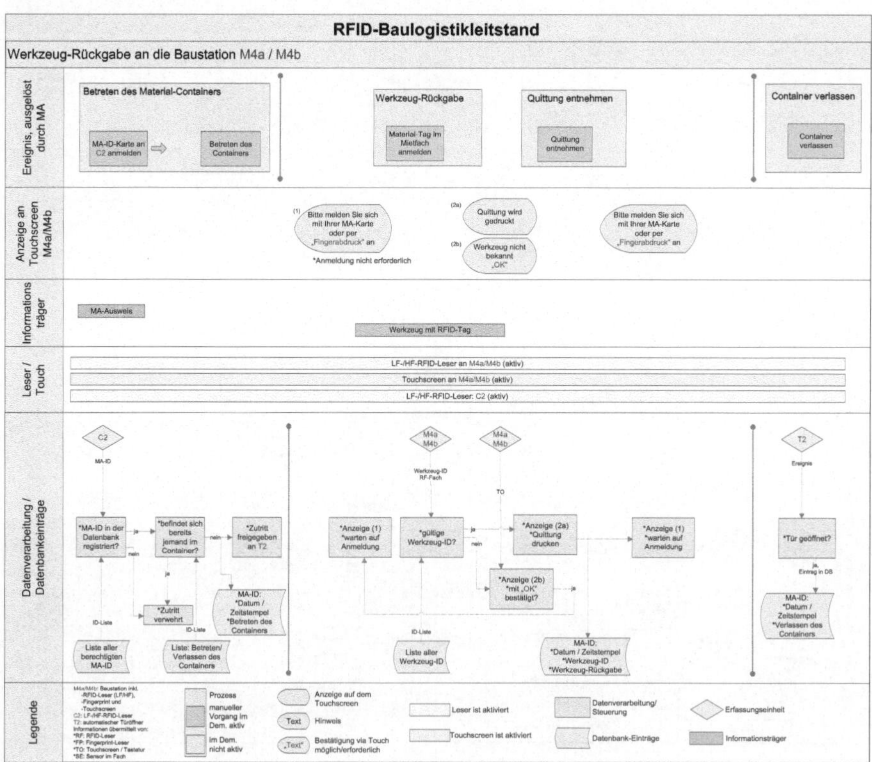

Abb. 9: Prozessdiagramm: Werkzeug-Rückgabe an die Baustation M4a/M4b

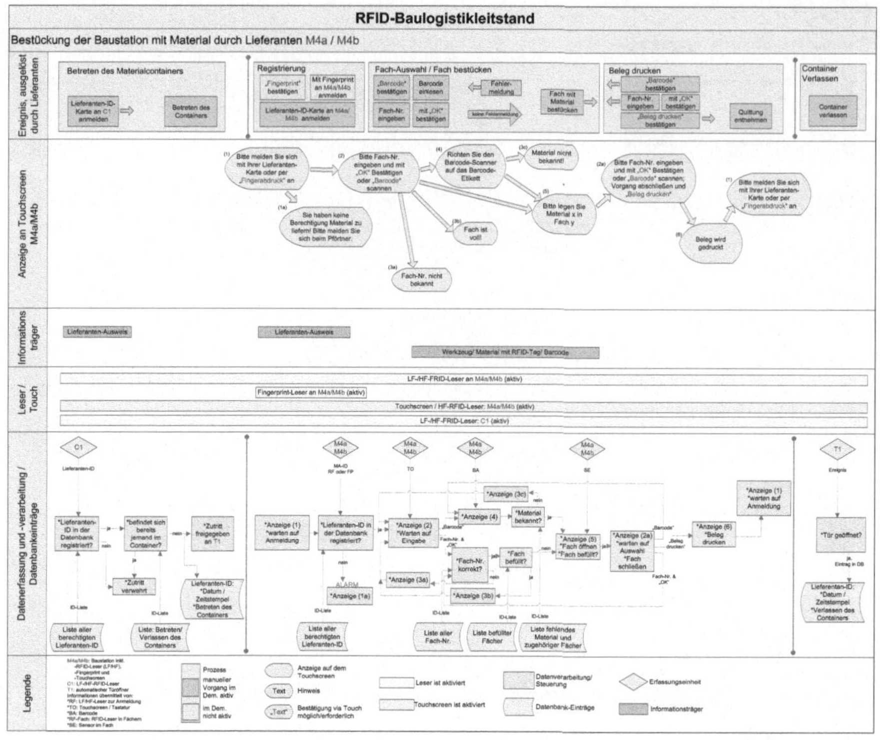

Abb. 10: Prozessdiagramm: Bestückung der Baustation mit Material durch Lieferanten M4a/M4b

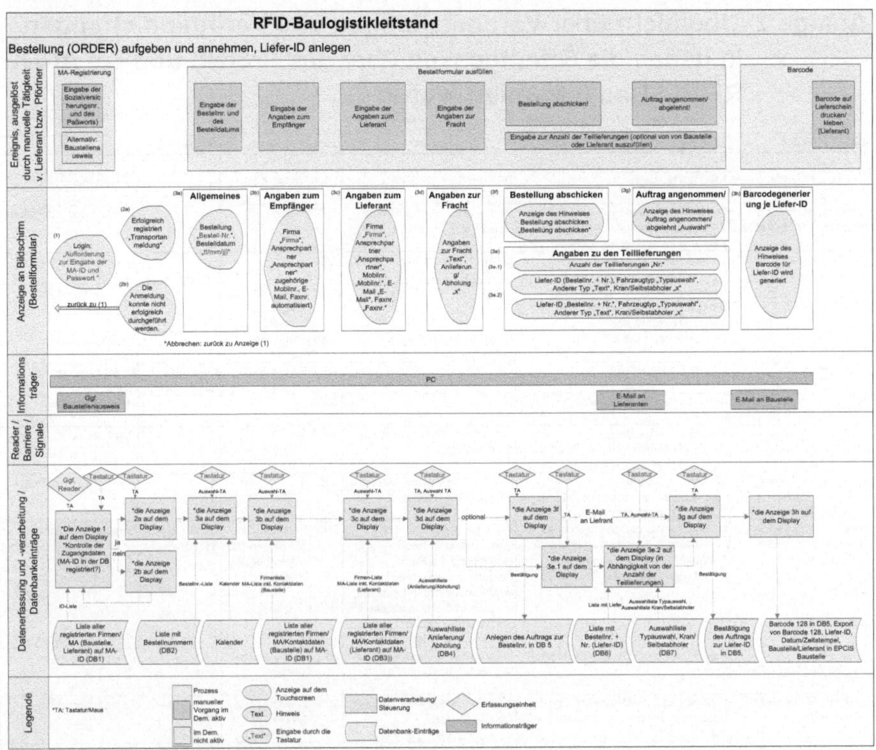

Abb. 11: Prozessdiagramm: Bestellung (ORDER) aufgeben und annehmen, Liefer-ID anlegen

Anlage 2: Übersicht über Veranstaltungen und Veröffentlichungen, in denen die Öffentlichkeit über das Projekt und die ARGE RFIDimBau informiert wurde

Autor	Titel	In	Jahr	Verlag	ISBN / ISSN	Art
Helmus, M. / Weber, O.	RFID auf Montage	RFID im Blick 09/2006	2006	Verlag & Freie Medien	---	Zeitschriftenartikel
Helmus, M. / Meins-Becker, A. / Laußat, L.	InWeMo - Integriertes Wertschöpfungsmodell mit RFID in der Bau- und Immobilienwirtschaft	Poster und Flyer zur Messe Bau 2007	2007	---	---	Flyer / Handout; Poster
o. V.	Chips am Bau	WDR - Nachrichten a.d. Berg. Land vom 30.06.2007	2007	---	---	Nachricht über Projekt
Helmus, M. / Weber, O.	Grundlagenuntersuchungen des Einsatzes von RFID in der Bau- und Immobilienwirtschaft	Vision Heft 7, S. 13-15	2007	Druck: Inproma GmbH		Zeitschriftenartikel
o. V.	Chipkontrolle am Bau	Wuppertaler Unimagazin - NR35 SS 2007, S. 23	2007	Bergische Blätter		Projektnennung in Zeitschrift
Halstenberg, M.	Leitbild Bauwirtschaft	Bundesbaublatt 2/2007, S. 1	2007	Bauverlag BV GmbH	ISSN 0007-5884	Projektnennung in Zeitschrift
o. V.	Pressemitteilung zum Kongress "RFID im Bau"	---	2008	---	---	Pressemitteilung
Helmus, M. / Meins-Becker, A. / Laußat, L. / Seget, A.	InWeMo - Integriertes Wertschöpfungsmodell mit RFID in der Bau- und Immobilienwirtschaft	Poster und Flyer zur Messe Deubau 2008	2008	---	---	Flyer / Handout; Poster
Helmus, M. / Meins-Becker, A. / Laußat, L. / Seget, A.	InWeMo - Integriertes Wertschöpfungsmodell mit RFID in der Bau- und Immobilienwirtschaft	Poster und Flyer zur Messe bautec-Build IT 2008	2008	---	---	Flyer / Handout; Poster
Helmus, M. / Meins-Becker, A. / Laußat, L. / Seget, A.	Integriertes Wertschöpfungsmodell - Vorstellung d. Forschungsprojektes "InWeMo" sowie der aktuellen Forschungsergebnisse	Tagungsband „RFID im Bau – Wertschöpfung durch Anwendung der Radio Frequency Identification (RFID) im Bauwesen" zum Kongress am 22.+23.02.2008 auf der Messe bautec/Build IT Messe Berlin, S. 89-128	2008	Druck: addprint AG Bannewitz (im Auftrag TU Dresden)	ISBN - 978-3-86780-054-9	Beitrag Tagungsband
o. V.	Universitäten und Institute (Kurzinfo & Kontakt)	RFID im Blick-Sonderausgabe "Einblick in AutoID/RFID", S. 65	2008	Verlag & Freie Medien	---	Projektnennung in Zeitschrift
Helmus, M. / Laußat, L. / Meins-Becker, A.	Logistik und Qualitätskontrolle per Datenchip - RFID in der Bauwirtschaft Teil 1	Baumarkt + Bauwirtschaft - 4|2008, S. 60-63	2008	Bauverlag BV GmbH	ISSN 0341-2717	Zeitschriftenartikel
Helmus, M. / Laußat, L. / Meins-Becker, A.	Logistik und Qualitätskontrolle per Datenchip - RFID in der Bauwirtschaft Teil 2	Baumarkt + Bauwirtschaft - 5|2008, S. 68-70	2008	Bauverlag BV GmbH	ISSN 0341-2717	Zeitschriftenartikel
Helmus, M. / Laußat, L. / Meins-Becker, A. / Seget, A.	ZukunftBAU: RFID in der Bau- und Immobilienwirtschaft, insbesondere in der Baulogistik	Bautechnik Heft 10 - 2008, S. 717-720	2008	Ernst & Sohn	ISSN - 0932-8351	Zeitschriftenartikel
Helmus, M.	Radio Frequency Identification - RFID-gesteuerte Logistik- und Materialprozesse im Bauunternehmen	Tagungsband zum 62. Deutschen Betriebswirtschafter-Tag der Schmalenbach-	2008	---	---	Beitrag Tagungsband
o. V.	Pressemitteilung mit ForBau		2008	---	---	Pressemitteilung

Abb. 12: Übersicht Projektbezogener Veröffentlichungen (Teil 1)

Autor	Titel	In	Jahr	Verlag	ISBN / ISSN	Art
		Newsletter EPCglobal GS1				
Helmus, M. / Meins-Becker, A. / Laußat, L. / Kelm, A.	RFID in der Baulogistik - Forschungsbericht zum Projekt „Integriertes Wertschöpfungsmodell mit RFID in der Bau- und Immobilienwirtschaft"	Reihe RFID im Bauwesen	2009	Vieweg+Teubner Research	ISBN - 978-3-8348-0765-6	Buch
Helmus, M. / Meins-Becker, A. / Laußat, L. / Kelm, A.	"RFID-Baulogistikleitstand"	Poster und Flyer zur Messe Bau 2009	2009	—	—	Flyer / Handout; Poster
o. V.	Transpondertechnik bei Betonschalungen, Absatz im Aufsatz "Besser bauen mit Beton - Das 18. Kassel-Darmstädter Baubetriebsseminar Schalungstechnik"	bd-Baumaschinendienst - 1/2009, S. 32-33	2009	Krafthand Verlag Walter Schulz GmbH	ISSN 0171-8908	Projektnennung in Zeitschrift
Meins-Becker, A. / Laußat, L. / Kelm, A.	RFID-Technik in der Bau- und Immobilienwirtschaft	Tagungsband des 20. Assistententreffens der Bereiche Bauwirtschaft, Baubetrieb und Bauverfahrenstechnik, Schriftenreihe Bauwirtschaft	2009	kassel university press GmbH	ISBN 978-3-89958-652-7	Beitrag Tagungsband
Helmus, M. / Meins-Becker, A. / Laußat, L. / Kelm, A.	"InWeMo" und "RFID-Baulogistikleitstand"	Poster zum Deutschen Bautechnik-Tag 2009	2009	—	—	Poster
o. V.	Universitäten und Institute (Kurzinfo & Kontakt)	RFID im Blick-Sonderausgabe "Einblick in AutoID/RFID" 2009, S. 38	2009	Verlag & Freie Medien	—	Projektnennung in Zeitschrift
Helmus, M./ Kelm, A./ Laußat, L.	Einsatzmöglichkeiten von RFID in Shopping-Centern	Shopping Center Handbuch	2009	Druckerei Memminger GmbH	ISBN 978-3-00-027250-9	
Helmus, M./ Meier, F.	Neue Entwicklungen: RFID und die Konsequenzen für die Qualitätskontrolle und Vertragserfüllung	Tagungsband zum Baurechtstreff 2009 der Deutschen Gesellschaft für Baurecht e.V.	2009	—	—	Beitrag Tagungsband
Helmus, M. / Kelm, A./ Laußat, L. / Meins-Becker, A.	Einsatz von Auto-ID-Techniken in der Bau- und Immobilienwirtschaft am Beispiel „RFID-Baulogistikleitstand"	agenda4 Forschungssymposium	2009	—	ISBN: 978-3-939956-13-6	
Helmus, M./ Kelm, A./ Laußat, L.	Identifizierung von Personen und persönlicher Schutzausrüstung auf Baustellen: Wie der Einsatz von Baustellenausweisen, Auto-ID-Technik und Sensorik zur Verbesserung der Baukultur führen kann	Festschrift Darmstadt	2009	VDI Verlag	ISBN 978-3-18-321104-3	Beitrag Tagungsband
Kelm, A. / Laußat, L.	Erweiterte digitale Zutritts- und PSA-Kontrolle auf Baustellen	Tagungsband	2010		ISBN 978.3-9502638-1-7	Beitrag Tagungsband
Helmus, M./ Kelm, A./ Laußat, L.	RFID-Technik als Möglichkeit, die Arbeitsvorbereitung zu optimieren	Arbeitsvorbereitung für Bauprojekte; Tagungsband 2010; 8. Grazer Baubetriebs- und Bauwirtschaftssymposium: Nutzen der Arbeitsvorbereitung für den Projekterfolg	2010	Verlag d. Technischen Universität Graz	ISBN 978-3851250800	Beitrag Tagungsband
Berger, C.	RFID in der Baubranche schafft Transparenz	ILM (Immobilien Lebenszyklus Management) Forum Website: http://www.ilmforum.de/bau/rfid-in-der-baubranche-schafft-transparenz.html	2010	—	—	Interview / Projektnennung auf Website
Wessel, R.	RFID Helps Control and Organize Construction Sites	RFID Journal Website: http://www.rfidjournal.com/article/print/7711	2010	—	—	Interview / Projektnennung auf Website
Helmus, M. / Kelm, A./ Meins-Becker, A.	Supply Chain Management im Bauwesen – heute und morgen	GS1 Network 14.Sept.2010/S.28-31	2010	—	—	Zeitschriftenartikel

Abb. 13: Übersicht Projektbezogener Veröffentlichungen (Teil 2)

Vorträge und Ausstellungen zum Thema RFID unter Nennung der Projekte						
Person	**Art**	**Titel**	**Veranstaltung**	**AG / Gastgeber**	**Datum**	**Ort**
Helmus, M.	Vortrag	RFID-Technologie als Möglichkeit, die Arbeitsvorbereitung zu optimieren	8. Grazer Baubetriebs- und Bauwirtschaftssymposium	Tu Graz	26.03.10	Graz
Helmus, M.	Vortrag	ZukunftBAU – Cluster RFID: Potentiale für RFID im Bauwesen	KONGRESS Bauen für die Zukunft – nachhaltig und innovativ	BBR / BMVBS	16.02.10	Berlin
Kelm, A./ Laußat, L.	Vorttrag	Einsatz von Auto-ID-Techniken in der Bau- und Immobilienwirtschaft am Beispiel „RFID-Baulogistikleitstand"	1. agenda4 - Forschungssymposium der Baubetriebs- und Immobilienwissenschaften	agenda4 Plattform Zukunft	03.12.09	München
Kelm, A./ Laußat, L.	Vorttrag	RFID-Einsatz im Baulogistik-Leitstand als innovative Lösung	Arbeitstreffen Identtechnologien in der Bauwirtschaft	FORBAU	01.12.09	Nürnberg
Helmus, M./ Kelm, A./ Laußat, L	Ausstellung	Neue Entwicklungen: RFID und die Konsequenzen für die Qualitätskontrolle und Vertragserfüllung	Baurechtstreff 2009	Deutsche Gesellschaft für Baurecht e.V.	06.11.09	Frankfurt
Helmus, M./ Meier, F.	Vorttrag	Neue Entwicklungen: RFID und die Konsequenzen für die Qualitätskontrolle und Vertragserfüllung	Baurechtstreff 2009	Deutsche Gesellschaft für Baurecht e.V.	06.11.09	Frankfurt
Kelm, A./ Laußat, L.	Vorttrag	Elektronische Werkzeug- und Materialnachverfolgung sowie Personenidentifizierung (RFID / Auto-ID)	6. Innovationstag Zukunft am Bau	BT Innovation	05.11.09	Magdeburg
Helmus, M.	Vortrag	PPE and RFID - An idea with a future?	Conference / Exhibition "Challenges and Innovations on Personal Protective Equipment"	BG Bau	19.06.09	Cypern
Laußat, L.	Vortrag	PPE and RFID - An idea with a future?	Conference on Challenges and Innovations of Personal Protective Equipment and other products	BG Bau	21.05.09	Athen
Meins-Becker, A.	Vortrag	Einsatz von Auto-ID-Techniken (RFID) in materialflussbezogenen Prozessen der Baulogistik – ein Überblick	Frühjahrstreffen Kompetenzzentrum Baulogistik	Fraunhofer IML	23.04.09	Dortmund
Laußat, L.	Vortrag	Auto-ID-basierte, standardisierte Bau(stellen)-ID-Cards: Erfassung der Objekte "Personen" u. a. in Prozessen der Baulogistik und Dokumentation im Digitalen Erweiterten Bautagebuch - ein Überblick	Frühjahrstreffen Kompetenzzentrum Baulogistik	Fraunhofer IML	23.04.09	Dortmund
Kelm, A.	Vortrag	Grundlagen der RFID-Technik und Überblick über die baubezogene RFID-Forschung in der "ARGE RFIDimBau"	20. BBB-Assistententreffen	Uni Kassel	01.04.09	Kassel
Meins-Becker, A.	Vortrag	Einsatz der RFID-Technik in materialflussbezogenen Prozessen der Baulogistik und Konzept zur Verbindung der EPCglobal-Standards für Daten realer Objekte mit den BIM der virtuellen Planungswelt - ein Überblick	20. BBB-Assistententreffen	Uni Kassel	01.04.09	Kassel

Abb. 14: Übersicht Öffentlichkeitsarbeit (Teil 1)

Vorträge und Ausstellungen zum Thema RFID unter Nennung der Projekte						
Person	Art	Titel	Veranstaltung	AG / Gastgeber	Datum	Ort
Laußat, L.	Vortrag	Einsatz der RFID-Technik in personenbezogenen Prozessen der Baulogistik und Anbindung digitaler Bautagebücher unter Nutzung standardisierter Bau(stellen)-ID-Cards - ein Überblick	20. BBB-Assistententreffen	Uni Kassel	01.04.09	Kassel
Helmus, M.	Vortrag	Präsentation der RFID-Projekte des LuF Baubetrieb & Bauwirtschaft sowie der ARGE RFIDimBau	Besuch Prof. Bargstädt und Prof. König Bauhaus Universität Weimar	---	31.03.09	Wuppertal
Helmus, M.	Vortrag	RFID in der Baulogistik und RFID im FM	Besuch von Hr. Stange, Landesinnung Hessen Gebäudereiniger	---	21.01.09	Wuppertal
Helmus, M./ Laußat, L./ Meins-Becker, A./ Kelm, A.	Ausstellung	RFID in der Baulogistik	Messestand auf der Bau 2009	BMVBS / BBR	12.-17.01.09	München
Helmus, M.	Vortrag	RFID in der Baulogistik	Besuch der Fa. Ischebeck	Friedr. Ischebeck GmbH	09.12.08	Ennepetal
Helmus, M.	Vortrag	RFID in der Baulogistik	GS1/EPCglobal-Mitgliederversammlung im RheinEnergieStadion Köln	GS1 Germany	25.11.08	Köln
Helmus, M.	Vortrag	RFID in der Baulogistik	Workshop "RFID in der Baulogistik" Teil 1	eigene Veranstaltung	25.11.08	Wuppertal
Kelm, A.	Vortrag	Komponenten und Funktionsweise der RFID-Technik	Workshop "RFID in der Baulogistik" Teil 1	eigene Veranstaltung	25.11.08	Wuppertal
Meins-Becker, A.	Vortrag	Vorstellung des Konzeptes zum Einsatz von Auto-ID-Techniken in der Baulogistik im Rahmen des Forschungsprojektes „RFID-Baulogistikleitstand"	Workshop "RFID in der Baulogistik" Teil 1	eigene Veranstaltung	25.11.08	Wuppertal
Laußat, L.	Vortrag	Beispiele für einen möglichen RFID-Einsatz im Bauwesen und Demonstrationsprozesse an der Schnittstelle „Baustelle / Außenwelt" im Forschungsprojekt "RFID-Baulogistikleitstand"	Workshop "RFID in der Baulogistik" Teil 1	eigene Veranstaltung	25.11.08	Wuppertal
Helmus, M.	Vortrag	RFID in der Baulogistik	Workshop "RFID in der Baulogistik" Teil 2	eigene Veranstaltung	04.11.08	Wuppertal
Kelm, A.	Vortrag	Komponenten und Funktionsweise der RFID-Technik	Workshop "RFID in der Baulogistik" Teil 2	eigene Veranstaltung	04.11.08	Wuppertal
Meins-Becker, A.	Vortrag	Vorstellung des Konzeptes zum Einsatz von Auto-ID-Techniken in der Baulogistik im Rahmen des Forschungsprojektes „RFID-Baulogistikleitstand"	Workshop "RFID in der Baulogistik" Teil 2	eigene Veranstaltung	04.11.08	Wuppertal
Laußat, L.	Vortrag	Beispiele für einen möglichen RFID-Einsatz im Bauwesen und Demonstrationsprozesse an der Schnittstelle „Baustelle / Außenwelt" im Forschungsprojekt "RFID-Baulogistikleitstand"	Workshop "RFID in der Baulogistik" Teil 2	eigene Veranstaltung	04.11.08	Wuppertal
Meins-Becker, A.	Vortrag	RFID in der Bauwirtschaft	94. Sitzung des Arbeitsausschusses Fertigung	DASt - Deutscher Ausschuss für Stahlbau	14.11.08	Bielefeld

Abb. 15: Übersicht Öffentlichkeitsarbeit (Teil 2)

Vorträge und Ausstellungen zum Thema RFID unter Nennung der Projekte						
Person	**Art**	**Titel**	**Veranstaltung**	**AG / Gastgeber**	**Datum**	**Ort**
Meins-Becker, A.	Vortrag	Grundlagen zur Anwendung der Transpondertechnik bei Betonschlaungen (RFID)	18. Kassel-Darmstädter Baubetriebsseminar Schalungstechnik	GfbW Schalung	06.11.08	Kassel
Helmus, M.	Vortrag	Radio Frequency Identification - RFID-gesteuerte Logistik- und Materialprozesse im Bauunternehmen	62. Deutscher Betriebswirtschafter-Tag der Schmalenbach-Gesellschaft für Betriebswirtschaft e. V.	Schmalenbach-Gesellschaft e. V.	14.10.08	Frankfurt
Helmus, M.	Vortrag	Grundlagen zur Anwendung der Transpondertechnik bei Betonschalungen (RFID)	Besuch der planitec GmbH (Paschal)	---	13.10.08	Wuppertal
Laußat, L.	Vortrag	RFID in der Baulogistik	RFID-Workshop "RFID im Bauwesen"	AK RFID des Silicon Saxony e. V. / TU Dresden	30.09.08	Dresden
Helmus, M.	Vortrag	RFID in der Baulogistik - Stand der Forschung am LuF Baubetrieb und Bauwirtschaft im Bereich Personallogistik	Besuch der Bilfinger Berger AG	---	10.09.08	Wuppertal
Meins-Becker, A.	Vortrag	RFID in der Baulogistik	Besuch der T-Systems GmbH	---	03.09.08	Wuppertal
Helmus, M.	Vortrag	RFID in construction a focus area in German research	ECCL08 - European Conference on Construction Logistics	Fraunhofer IML	26.05.08	Dortmund
Helmus, M.	Vortrag	Einsatzmöglichkeiten der RFID-Technik im Bauwesen	Vortragsreihe der Zentrale Technik der Ed. Züblin AG	Ed. Züblin AG	28.04.08	Stuttgart
Helmus, M./ Laußat, L./ Meins-Becker, A./ Seget, A.	Ausstellung	Den RFID-Kongress begleitende Ausstellung und Präsentation der Forschungsergebnisse	RFID-Kongress	BMVBS / BBR	22.-23.02.2008	Berlin
Helmus, M.	Vortrag	Integriertes Wertschöpfungsmodell - Vorstellung des Forschungsprojektes „InWeMo" sowie der aktuellen Forschungsergebnisse	RFID-Kongress	BMVBS / BBR	23.02.08	Berlin
Meins-Becker, A.	Vortrag	Einsatz der RFID-Technologie in der Wertschöpfungskette Bau - Aktuelle Forschungsprojekte der Universität Wuppertal -	Mittelstandssymposium des ZDB	ZDB	12.02.08	Berlin
	Ausstellung	Ausstellung zum Forschungsprojekt InWeMo	Messestand auf der DEUBAU 2008	BMVBS / BBR	08.-13.01.08	Essen
	Vortrag	Logistik und Qualitätskontrolle per Datenchip - RFID in der Bauwirtschaft: Aktuelle Forschungsprojekte der Universität Wuppertal	Vortrag auf der DEUBAU 2008 (Altbau Forum)	BMVBS / BBR	10.01.08	Essen
	Vortrag	RFID im Arbeits- und Gesundheitsschutz	Sicherheitstechnik - Fachtagung Bau BG	Bau BG	14.11.07	Haan
	Vortrag	Aktuelle Forschungsprojekte zum Thema „RFID in der Bauwirtschaft" des LuF Baubetrieb und Bauwirtschaft	Ed. Züblin AG	Ed. Züblin AG	05.11.07	Wuppertal
	Vortrag	---	Workshop „RFID in der Maschinensicherheit"	MMBG	18.09.07	Düsseldorf
	Vortrag	Einsatz von RFID-Technologien in der Wertschöpfungskette Bau	Bauindustrie / Hochschule und Praxis im Dialog		14.09.07	Düsseldorf
	Vortrag	RFID-gesteuerte Logistik- und Materialprozesse im Bauunternehmen	Arbeitskreis Baubetriebswirtschaft der Schmalenbachgesellschaft	AK Baubetriebswirtschaft	13.09.07	Düsseldorf

Abb. 16: Übersicht Öffentlichkeitsarbeit (Teil 3)

Vorträge und Ausstellungen zum Thema RFID unter Nennung der Projekte						
Person	Art	Titel	Veranstaltung	AG / Gastgeber	Datum	Ort
	Vortrag	RFID - Radio Frequency Identification	B-Mobile	B-Mobile	10.09.07	Wuppertal
	Vortrag	RFID - Radio Frequency Identification	GiS - Gera Ident Sytsems	GiS	06.08.07	Wuppertal
	Vortrag	Chips in Helm und Schuhen – RFID-Technologie in der Prävention	Presseseminar der BG Bau	Bau BG	03.07.07	Frankfurt
	Vortrag	Sicherheitstechnik mit RFID	DIN	DIN	22.06.07	Berlin
Meins-Becker, A. / Offergeld, B.	Vortrag	RFID - Radio Frequency Identification	BIBA Bremen	BIBA	18.06.07	Bremen
Meins-Becker, A.	Vortrag	RFID - Radio Frequency Identification	Microplex	Microplex	15.06.07	Varel
	Vortrag	RFID - Radio Frequency Identification	Xella	Xella Aircrete	23.05.07	Alzenau
	Vortrag	RFID - Radio Frequency Identification	Xella	Xella KS	21.05.07	Haltern
	Vortrag	Anwendung von RFID zur Erhöhung der Arbeitssicherheit auf Baustellen	8. Fachtagung der Koordinatoren Deutschlands		11.-12.05.07	Stuttgart
	Vortrag	RFID Technology - a Challenge for the use of PPE	Besuch einer türkischen Delegation bei der BauBG	Bau BG	07.05.07	Haan
Meins-Becker, A.	Vortrag	RFID in der Bauwirtschaft	AG-E-Business-Sitzung ("Heinze")	Heinze	25.04.07	Kassel
Meins-Becker, A.	Vortrag	Aktuelle Forschungsprojekte zum Thema „RFID in der Bauwirtschaft" des LuF Baubetrieb und Bauwirtschaft	Xella	Xella Int.	30.03.07	Duisburg
	Vortrag	Application Fields of RFID in HSE	HSE-Workshop an der IUT	IUT	07.03.07	Isfahan, Iran
	Vortrag	RFID - Radio Frequency Identification	BWA-Sitzung des ZDB	ZDB	05.03.07	Kassel
	Vortrag	Einsatzmöglichkeiten der RFID-Technologie	„Arbeitsschutzfachtagung" im Haus der Technik		25.01.07	Essen
	Ausstellung	Ausstellung zum Forschungsprojekt InWeMo	Messestand auf der Bau 2007	BMVBS / BBR	15.-20.01.07	München
Weber, O.	Vortrag	Baustellenkoordination mit Radio Frequency Identification"	Messe Haus und Wohnen		23.11.06	Köln
	Vortrag	Vernetzte Objektkoordination mit Datenfunk in der bauwirtschaftlichen Wertschöpfungskette	Akademie der Wissenschaften		15.11.06	Düsseldorf
	Vortrag	Sicherheitstechnik mit RFID	Fachtagung Sicherheitstechnik		14.11.06	Haan
	Vortrag	RFID in der Arbeitssicherheit	Bundeskoordinatorentag des V.S.G.K.	V.S.G.K.	19.10.06	Berlin
	Vortrag	Sicherheitstechnik mit RFID	Workshop "Sicherheitstechnik mit RFID"	Bau BG	29.08.06	Haan
	Vortrag	Sicherheitstechnik mit RFID	Workshop "Sicherheitstechnik mit RFID"	Bau BG	19.06.06	Haan

Abb. 17: Übersicht Öffentlichkeitsarbeit (Teil 4)

Fachbereich D
Abt. Bauingenieurwesen

**Lehr- und Forschungsgebiet
Baubetrieb und Bauwirtschaft**

Forschungsbericht zum Projekt

RFID-Baulogistikleitstand

RFID-unterstütztes Steuerungs- und Dokumentationssystem für die erweiterte Baulogistik am Beispiel ‚Baulogistikleitstand' für die Baustelle

Projektleitung: Univ.-Prof. Dr.-Ing. Manfred Helmus

Projektbearbeitung: M.Sc. Agnes Kelm

                           Dipl.-Ing. Dipl.-Kfm. Lars Laußat

                           Dipl.-Ing. Dipl.-Wirtsch.-Ing. Anica Meins-Becker

Dieses Forschungsvorhaben wurde aus Mitteln der Forschungsinitiative Zukunft Bau des BMVBS und des BBR unter dem Förderkennzeichen Z6-10.08.18.7-08.04/ II2-F20-08-019 gefördert. Projektlaufzeit: 03/2008 bis 02/2010. Die Verantwortung des Inhalts liegt beim Autor.

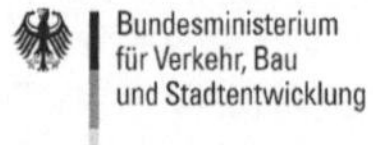

Forschende Stelle

Das Forschungsprojekt wurde durchgeführt durch die

Bergische Universität Wuppertal

Fachbereich D, Abt. Bauingenieurwesen

Lehr- und Forschungsgebiet Baubetrieb und Bauwirtschaft

Projektleitung:	Univ.-Prof. Dr.-Ing. Manfred Helmus
Projektbearbeitung:	M.Sc. Agnes Kelm
	Dipl.-Ing. Dipl.-Kfm. Lars Laußat
	Dipl.-Ing. Dipl.-Wirtsch.-Ing. Anica Meins-Becker
Involvierte Mitarbeiter:	Dennis Bittermann
	B.Sc. Carsten Broichhaus
	Till Heidrich
	Björn Hemsath
	Dipl.-Ing. Philipp Lüttke
	Dipl.-Ing. Claudia Rüttgers
	Dipl.-Ing. Martina Schneller

Beteiligte Studierende:

Dennis Bittermann (BU Wuppertal, LuF Baubetrieb & Bauwirtschaft)

Oliver Einars (BU Wuppertal, Lehrstuhl für Automatisierungstechnik/Regelungstechnik)

Sebastian Gers (BU Wuppertal, LuF Baubetrieb & Bauwirtschaft)

Shabnam Kabiri (BU Wuppertal, REM & CPM)

Kalin Kolev (BU Wuppertal, Lehrstuhl für Automatisierungstechnik/Informatik)

Alexander Kornek (BU Wuppertal, LuF Baubetrieb & Bauwirtschaft)

Matthias Kuckelberg (BU Wuppertal, LuF Baubetrieb & Bauwirtschaft)

Arno von Weidenfeld (BU Wuppertal, LuF Baubetrieb & Bauwirtschaft, IZ3)

Ansprechpartner:

helmus@baubetrieb.de,

a.kelm@baubetrieb.uni-wuppertal.de

laussat@uni-wuppertal.de

a.meins-becker@baubetrieb.uni-wuppertal.de

Praxispartner

Das Projekt wurde von folgenden Praxispartnern unterstützt:

Alho Systembau GmbH / Alho Holding GmbH & Co. KG

Projektleitung: Willy Groß

Betoform GmbH

Projektleitung: Thorsten Klug

Cichon + Stolberg Elektroanlagenbau GmbH

Projektleitung: Helmuth Cichon, Michael Hartz

Projektbearbeitung: Alexander Rud, Holger Dickel

Ed. Züblin AG

Projektleitung: Bettina Luik

Gradwohl GmbH

Projektleitung: Reiner Gradwohl

Klebl Baulogistik GmbH

Projektleitung: Wolfgang Kelch, Thomas Tröndle

PCO GmbH & Co. KG

Projektleitung: Karl-Ewald Junge

Projektbearbeitung: Markus Neugebauer

Streif Baulogistik GmbH

Projektleitung: Hilmar Troitzsch

ThyssenKrupp Real Estate GmbH

Projektleitung: Wolfgang Greling, Bernd Honsberg